Rudy A. Heilig

Praxisratgeber
Klassikerkauf

Citroën DS & ID

Alle Modelle 1966–1975

HEEL

IMPRESSUM

HEEL Verlag GmbH
Gut Pottscheidt
53639 Königswinter
Telefon 0 22 23 / 92 30-0
Telefax 0 22 23 / 92 30-13
info@heel-verlag.de
www.heel-verlag.de

3. Auflage 2021

Der Originaltitel „The Essential Buyer's Guide Citroen DS & ID" ist erschienen bei:
Veloce Publishing Ltd.
33 Trinity Street
Dorchester DT1 1TT
England

Übersetzung ins Deutsche: Walther Wuttke

Lektorat: Martin Franz

Satz: Muser Medien GmbH, Mannheim

Druck und Verarbeitung:
D + L Printpartner, Bocholt

Printed in Germany

ISBN: 978-3-86852-083-5

Inhalt

Einleitung und Danksagung

Einleitung

Auf dem Pariser Autosalon wurde im Jahr 1955 mit der Citroën DS das wahrscheinlich innovativste Fahrzeug ihrer Zeit der Öffentlichkeit gezeigt. Niemals zuvor war ein derart fortschrittliches Modell auf den Markt gekommen. Nicht nur seine aerodynamische Form war revolutionär, es stellte vielmehr einen derart unglaublichen technologischen Sprung nach vorn dar, dass es seinen Mitbewerbern zehn bis 20 Jahre voraus war. Am bedeutendsten waren das Hydrauliksystem mit der sich selbst regulierende Federung, die Scheibenbremsen, die Zahnstangenlenkung und die Schaltung. Zusammen mit dem für Citroën typischen Frontantrieb und der Straßenlage sowie der windschnittigen Form wirkte die DS 19 wie ein futuristisches Raumschiff in einer Welt von Pferdekutschen.

Während ihrer 20-jährigen Bauzeit wurde die DS ständig weiter verbessert und verfeinert, einschließlich einiger Varianten mit einer einfacheren Technik, großzügigen Kombis, Luxus-Versionen sowie einer geringen Stückzahl von Coupés und Cabriolets, die bei Spezialisten entstanden. Wegen der langen Bauzeit und den zahlreichen Versionen beschränkt sich dieses Buch auf die zwischen 1966 und 1975 gebauten Modelle der „Serie 2" des D-Modell und beschäftigt sich weniger mit den seltenen, bei Chapron hergestellten, Varianten. Glücklicherweise sind die Chapron-Modelle technisch mit den anderen DS-Versionen identisch, sodass man dieses Buch auch einsetzen kann, wenn man das Glück hat, ein derartiges Modell zu finden.

Natürlich kann kein Buch eine genaue Untersuchung durch einen Spezialisten ersetzen, doch sollte Sie dieses Buch in die Lage versetzen, so genannte Blender zu erkennen und die Suche nach Ihrem Wunschmodell einzugrenzen. Nutzen Sie es vernünftig, und es wird Kosten für aufwändige Reparaturen sparen, Sie beim Handeln um den angemessenen Preis in eine bessere Position versetzen und eine vernünftige Entscheidung treffen lassen.

Danksagungen

Diese Buch war nur dank der Hilfe meiner Familie und zahlreicher DS-Freunde möglich. Vor allem bin ich meinem Vater Hank Heilig zu Dank verpflichtet, der auf eine 60-jährige Erfahrung mit Citroën-Modellen zurückblicken kann, sowie meinem Bruder Paul Heilig mit seiner technischen Erfahrung und seinem kritischen Blick, der die Genauigkeit und das Wissen bot, das für dieses Buch unabdingbar war. Ein besonderer Dank geht auch an den bekannten amerikanischen Citroën-Freund Wally Escherich, der mir bei der Beschaffung von Fotos und weiterem Material half. Citroën-Fahrer Michel Boucher schließlich unterstützte mich in schwierigen Situationen. Zum Schluss muss ich mich bei meiner Frau Kelly und den Kindern Cassidy und Katie bedanken, die meine langen Arbeitsstunden vor dem Computer und meine Abwesenheit ertragen mussten.

Autor Rudy Heilig mit seiner DS 21, Baujahr 1971.

1 Der richtige Wagen?

Große und kleine Fahrer

Im Innenraum der D-Modelle stehen Fahrer und Passagieren unglaublich viel Platz und Komfort zur Verfügung. Daher nutzte die französische Regierung den Wagen auch fast 20 Jahre lang als Staatskarosse. Die Sitze vermitteln zwar wenig Seitenhalt, sind dafür aber fast so bequem wie ein Sofa. Die Karosserie bietet viel Kopffreiheit, und selbst im Fond haben höchstens sehr groß gewachsene Menschen Probleme. Das Lenkrad lässt sich nicht verstellen, ist aber günstig platziert und bietet genügend Platz, um die Schalter mit den Fingerspitzen zu erreichen. Auch im Fußraum herrschen großzügige Platzverhältnisse.

Die Federung in ihrer höchsten Stellung.

Handhabung

Die meisten D-Modelle verfügen über eine hydraulisch unterstützte Lenkung, sodass Rangieren kein Problem darstellt. Einige ID-Modelle besitzen keine Servolenkung, sodass beim Einparken Bärenkräfte notwendig werden. Die Hydraulikbremsen der D-Modelle verlangen nach geringem Pedaldruck, um den Wagen zum Stehen zu bringen. Die Citromatic-Schaltung (vier handgeschaltete Gänge, aber keine Kupplung) ist anfangs gewöhnungsbedürftig. Geschaltet wird, indem man den Gasfuß lupft, den Gang einlegt und wieder auf das Gaspedal tritt. Klingt einfach, aber manchen Fahrern bereitet diese Technik durchaus Probleme.

Abmessungen

Limousine

Länge (1967-1975) 4874 mm
Breite (1966-1967) 1790 mm
Breite (1968-1975) 1803 mm

Break

Länge (1966-1967) 4990 mm
Länge (1968-1975) 5026 mm
Breite (1968-1975) 1803 mm

Innenraum

Sicherheitsgurte sind zwar nur für vier Personen vorhanden, doch bieten die D-Modelle fünf Personen ausreichend Platz. Die Kombis haben entweder zwei kleine Klappsitze im Heck oder, beim Break Familiale, drei Sitzreihen. Fuß- und Kopfraum sind absolut

Die Federung in ihrer niedrigsten Stellung.

Die inneren Scheinwerfer drehen sich mit der Lenkung und leuchten so die Straße auch in Kurven aus.

ausreichend, und die Türen öffnen sich so weit, dass es beim Ein- und Aussteigen keine Probleme gibt.

Kofferraum

Der Kofferraum der Limousine ist mit einem Fassungsvermögen von 470 Litern ausreichend groß dimensioniert, und die Ladekapazität des Breaks ist bis heute schlicht legendär. Dank der umklappbaren Rücksitzbank und der weit öffnenden Heckklappe war der Wagen bei Handwerkern außerordentlich beliebt.

Unterhaltskosten

Der Ölwechsel sollte alle 5000 Kilometer oder mindestens einmal im Jahr vorgenommen werden. Der Motor entsprach in seinen Grundzügen dem Antrieb des 1934 auf den Markt gerollten 11 CV und wurde von Citroën wegen seiner Zuverlässigkeit (in einigen Fällen erreichte die Maschine Laufleistungen von mehr als 350.000 Kilometern) bis in die Achtziger Jahre benutzt. Die Hydraulik muss regelmäßig gewartet und die Flüssigkeit (bei den älteren LHS2-Modellen nach zwei Jahren) ausgetauscht werden. Alle sechs bis sieben Jahre steht auch ein Tausch der Federspeicher und Kugeln an.

Die mit den einfachen Solex-Vergasern ausgestatteten ID-19- und D-Spécial-Modelle erreichen einen Verbrauch von rund zwölf Litern. Die mit dem Weber-Vergaser ausgerüsteten DS-Modelle sind durstiger und kommen auf 14 Liter, während die DS 23 mit Einspritzung um die 15 Liter verbraucht.

Alltagstauglichkeit

Die Leistungswerte sind gemessen an modernen Automobilen vor allem bei den ID-19- und D-Spécial-Modellen vergleichsweise bescheiden. Die DS 23 mit Einspritzung bietet schon bessere Werte und beschleunigt von Null auf 100 km/h in rund zehn Sekunden. Obwohl es noch immer viele Besitzer gibt, die ihr D-Modell täglich benutzen, betrachten die meisten Eigentümer ihren Wagen als Zweit- oder Hobby-Fahrzeug.

Teileverfügbarkeit

Die meisten Teile sind jetzt besser verfügbar als noch vor zehn Jahren. Es gibt einige Spezialisten, die so gut wie alle Verschleiß- oder Chromteile im Sortiment haben und heute nachbauen. Die meisten Karosserieteile werden zudem auch aus Kunststoff gefertigt.

Teilekosten

Die Preise für die meisten Ersatzteile sind durchaus vernünftig. Allerdings sind Teile für Getriebe und

Lager sehr kostspielig. Das gilt auch für einige der Zierteile aus rostfreiem Stahl.

Versicherung

Da inzwischen auch die jüngsten Exemplare jenseits der 30 Jahre alt sind, gilt die DS als Oldtimer. Sofern der Wagen nicht jeden Tag gefahren und daneben noch ein Alltagsfahrzeug nachgewiesen wird, bieten einige Versicherungen spezielle Oldtimertarife an. Viele verlangen als Voraussetzung dafür allerdings ein H-Kennzeichen.

Wertsteigerung

Ausgezeichnet – in den vergangenen fünf Jahren sind die Preise für D-Modelle ständig gestiegen.

Schwächen

Die Zeitspanne, die der Wagen benötigt, bis er sich aus seiner Ruhestellung erhebt, mag für ungeduldige Fahrer irritierend sein. Eine undichte Hydraulikleitung kann die Federung, Bremsen, Lenkung und bei den Citromatic-Modellen auch die Schaltung außer Gefecht setzen.

Pluspunkte

Unerreichter Komfort und Straßenlage, gepaart mit einem einmaligen Design.

Minuspunkte

Windgeräusche an den rahmenlosen Seitenfenstern. Hoher Verbrauch. Die Hydraulik ist nichts für unerfahrene Mechaniker, und ein schlecht gewartetes Hydrauliksystem wird schnell zu einem Fass ohne Boden. Rost kann sich unter den Teppichen und sogar unter dem Rostschutz ausbreiten. Einige Reparaturen wie der Austausch der Steuerkette, Kupplung und Frontbremsen sind zeitaufwendig und entsprechend teuer. Achten Sie auf versteckten Rost in Bodenblechen, Längsträgern und am Kofferraumboden.

Alternativen

Kein Modell lässt sich direkt mit den Citroën D-Modellen vergleichen. Mögliche Alternativen: Peugeot 504, Alfa Romeo Giulia, Lancia Fulvia oder Rover 2000 TC. Einige Käufer mögen sich auch für den Citroën CX interessieren, den zwischen 1976 und 1990 gebauten Nachfolger der D-Serie.

Das einmalige Scheinwerfersystem des D-Modells in einer Drehung nach rechts.

2 Kosten

Dieses rostfreie US-Modell benötigt zwar eine Lackierung, ist aber ansonsten ein guter Kauf.

Das für ein Museum gebaute D-Modell zeigt die Komplexität der Hydraulik und den Frontantrieb.

Allenfalls wenn Sie ein erfahrener Mechaniker sind oder den Wagen exakt ihren Vorstellungen entsprechend aufbauen lassen wollen, ist der Kauf eines reparaturbedürftigen D-Modell eine gute Idee. Eine DS oder ID mit Hydraulik- oder Rostproblemen zu restaurieren, kann fast jedes Bankkonto tiefrot färben. Daher lohnt sich von vornherein die Anschaffung eines gut erhaltenen Modells.

Dennoch bevorzugen viele Besitzer eine Restaurierung, wenn der Wagen nach ihren Vorstellungen lackiert und ausgestattet werden soll. Allerdings bedeutet dies auch, dass viel Zeit vergehen wird, bis man mit seinem D-Modell die ersten Kilometer zurücklegen kann.

Am riskantesten ist der Kauf eines unterdurchschnittlichen D-Modells, das nur an Wochenenden und nach den wechselnden finanziellen Möglichkeiten des Besitzers restauriert wird. Diese „rollenden Restaurierungen“ entwickeln sich angesichts der komplexen Mechanik und Hydraulik schnell zu echten stehenden Restaurierungsaufgaben. Die Autos sind so gebaut, dass man eben nicht einfach mal hin und wieder an ihnen schraubt, und derart optimistisch eingestellte Besitzer verlieren schnell ihre Freude und beginnen mit der Suche nach einem finanziell besser gestellten Interessenten.

Wartung

Viele Ersatzteile (vor allem bei der Hydraulik) sind eher von der Zeit als von der Laufleistung gezeichnet.

Der Motorraum der ID ist großzügig ausgelegt und nicht besonders komplex.

Service-Intervalle

Ölwechsel: alle 5000 Kilometer oder einmal im Jahr
Kleine Inspektion: alle 10.000 Kilometer oder einmal im Jahr
Große Inspektion: alle 20.000 Kilometer
Ventileinstellung: alle 10.000 Kilometer
Hydraulik: Wechsel der Flüssigkeit alle zwei Jahre (vor allem bei LHS2-Modellen)

Teilekosten

Motor- und Getriebeteile

DS 20/21 Motor (AT)* ca. € 3450,-
Zylinderkopf DS 19 im Austausch ca. € 649,-
Motordichtsatz ca. € 70,-
Zylinderkopfdichtung DS ca. € 20,-
Zylinderkopfdichtung Satz DS ca. € 60,-
Ventildeckeldichtung ca. € 10,-
Steuerkette ca. € 40,-
Vergaser Solex 34 (Nachfertigung) ca. € 150,-
Vergaserdichtsatz ID 19, DS 20, DS 21 ca. € 40,-
Kaltstartventil DS ca. € 185,-
Kontakte ID-DS ca. € 7,-
Verteilerläufer ca. € 10,-
Lichtmaschine ca. € 90,-
Anlasser (AT)* ca. € 200,-
Kupplungssatz DS, ohne Ausrücklager ca. € 250,-
Kupplungsgeberzylinder Rep.-Satz ca. € 25,-
Kupplungsnehmerzylinder (AT)* ca. € 110,-
Vorschalldämpfer ca. € 90,-
Nachschalldämpfer ca. € 60,-
Kühler DS (AT)* ca. € 300,-
Wasserpumpe ca. € 60,-

Bremsen und Fahrwerk

Radlager DS hinten ca. € 30,-
Schwingarmeinheit vorne links DS Limousine (AT)* ca. € 300,-
Antriebswelle DS links ca. € 260,-
Antriebswelle DS rechts ca. € 260,-
Antriebswellenmanschette getriebeseitig ca. € 41,-
Antriebswellenmanschette radseitig ca. € 25,-
Federkugel Original (Stück) ca. € 80,-
Federkugel DS hinten (AT)* ca. € 75,-
Membran für teilbare Federkugel ca. € 25,-
Kolbenstange Federzylinder DS, hinten ca. € 60,-
Reparatursatz Lenkung DS ca. € 130,-
Lenkgetriebe (Servolenkung) DS (AT)* ca. € 650,-
Spurstange DS ca. € 85,-
Bremsscheibe ID-DS vorne (2 Stück) ca. € 90,-
Bremsklötze (Nachfertigung) ca. € 60,-
Bremsbacken DS Break hinten (Satz) ca. € 60,-
Bremsbacken DS hinten (Satz) ca. € 45,-
Luftleitblech DS Bremsenabdeckung ca. € 120,-
Bremsleitungsbündel hinten (Hydraulikleitungen) ca. € 150,-
Bremsschlauch hinten (Stück) ca. € 40,-
Bremsdruckspeicher DS ca. € 65,-
Bremsventil Hauptbremszylinder (AT)* ca. € 130,-
Radbremszylinder ca. € 85,-
Radbremszylinder-Reparatursatz ca. € 20,-
Nadellager Handbremshebel DS ca. € 40,-
Handbremsseil DS ca. € 40,-
Bremssattel (AT)* ca. € 150,-

Innenausstattung

Zündschloss ca. € 230,-
Lenkrad mit Säule geschäumt (AT)* ca. € 250,-
Fensterkurbel verchromt ca. € 15,-

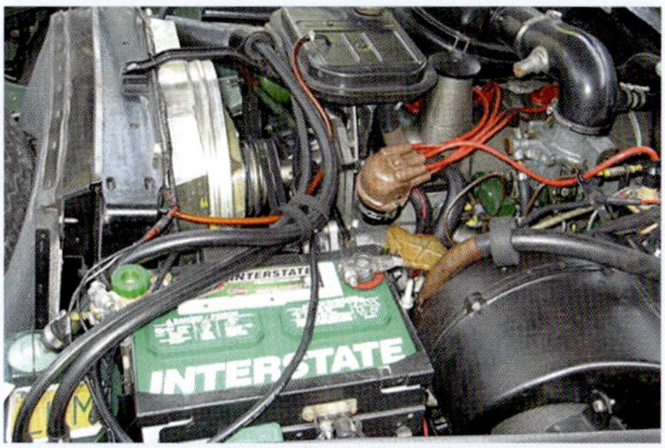

Dieser Motorraum bietet wegen der Citromatic wenig Raum für Arbeiten.

Armaturenbrettbezug Leder für DS Pallas ca. € 60,-
Himmelsatz mit Schaumrücken DS Pallas ca. € 120,-
Hutablage mit Schaumstoffunterlage DS, Kunstleder ca. € 50,-
Kopfstütze breit für DS (2-teilig), Velours ca. € 145,-
Sitzbezug Rücksitzbank ca. € 750,-
Türverkleidung DS hinten, fertig bezogen ca. € 200,-
Türverkleidung DS vorne, fertig bezogen ca. € 200,-
Dämmmattensatz (7-teilig) ca. € 60,-
Schließzylindersatz (Türen, Kofferraumdeckel) ca. € 35,-
Türgriff innen ca. € 70,-
Windschutzscheibe klar ca. € 170,-
Windschutzscheibendichtung (Nachfertigung) ca. € 60,-
Wischermotor ca. € 100,-
Hauptkabelstrang, hinter Armaturenbrett (3 Rundinstrumente) ca. € 350,-
Tachowelle ca. € 40,-

Zusammen mit der Einspritzung wurde der Motorraum eine komplexe Versammlung von Leitungen und Schläuchen. Hier ist der Spezialist gefordert.

Karosserieteile

Motorhaube, Gebrauchtteil ca. € 100,-
Kofferraumklappe DS, aus Kunststoff ca. € 340,-
Emblem DS 21, Metall ca. € 30,-
Frontschürze DS aus Kunststoff ca. € 200,-
Kotflügel vorne aus Kunststoff ca. € 700,-
Kotflügelecke Vorderkotflügel hinter Rad links ca. € 16,-
Kotflügel hinten DS Break, aus Kunststoff ca. € 340,-
Kotflügel hinten DS, aus Kunststoff ca. € 280,-
Kotflügel Reparaturblech DS vorne links innen, unter Scheinwerfer ca. € 70,-
Kotflügel Reparaturblech DS hinten rechts Stehwand inkl. Außenhaut ca. € 85,-
Reserveradhalterungsband aus Baumwolle ca. € 35,-
Türreparaturblech außen, hinten ca. € 40,-
Türecke DS (vordere Tür) ca. € 20,-
Türdichtung unten in Schiene, hintere Türen (2 Stück) ca. € 50,-
Radlauf innen Kotflügel vorne links ca. € 35,-
Dachrahmen DS oben ca. € 170,-
Bodenprofil DS rechts ca. € 25,-
C-Säule Reparaturblech DS links, mit unterem Gummihalter ca. € 45,-
Reparaturbleche Seitenwand hinten links DS Break, unter Fenster ca. € 80,-Einstiegsblech DS hinten rechts ca. € 20,-
Innenschweller-Profil ca. € 15,-
Heckabschluss D-Säule, DS Break ca. € 40,-
Innenkotflügel Reparaturblech hinten rechts ca. € 40,-
Kofferraumboden DS ca. € 180,-
Kofferraumseitenwand DS unten links (Nachfertigung) ca. € 75,-
Radkasten hinten komplett, mit Stoßstangenaufnahme ca. € 300,-
Fensterschachtdichtungen außen (4 Stück) ca. € 90,-
Fensterschachtdichtungen außen, DS Cabrio (2 Stück) ca. € 220,-
Gummidichtungssatz Türen (6 Stück) ca. € 45,-
Batteriehalterahmen aus Edelstahl ca. € 90,-
Hauptscheinwerfer H4 (Nachfertigung) ca. € 85,-
Scheinwerfer DS (AT)* ca. € 140,-
Scheinwerferabdeckung in Kotflügel, Ausführung Cibie ca. € 75,-
Zusatzscheinwerferhalterung DS 19 ca. € 190,-
Blinker vorne, komplett (Kunststoff) ca. € 100,-
Blinkerkappe orange DS vorne, Pallas-Ausführung ca. € 65,-
Rückleuchte DS Pallas (Nachfertigung) ca. € 120,-
Stoßstangenhorn vorne links ca. € 90,-
Außenspiegel ca. € 45,-

(AT)* = Austauschteil

Schwer zu findende Teile: Die meisten Ersatzteile für die zwischen 1966 und 1975 gebauten D-Modelle sind leicht zu finden. Allerdings sind Schalter, Hauben, rostfreie Karosserieteile und einige Teile der Einspritzung und Stoßstangen aus rostfreiem Stahl schwerer aufzutreiben.

Kostspielige Teile: Überwiegend sind die Teile zu akzeptablen Preisen verfügbar. Aber Hauben oder Ersatzteile für die Lenkung sind durchaus kostspielig. Das gilt auch für die Einbaukosten.

3 Leben mit einer DS/ID

Nur eine Schraube muss gelöst werden, um den hinteren Kotflügel zu demontieren.

Der Fahrkomfort eines D-Modells ist einmalig. Viele der Fondpassagiere vergleichen das Fahrverhalten mit einer gut gepolsterten Sänfte. Die innovative hydraulische Federung, gepaart mit dem aerodynamischen Design und den mitlenkenden Scheinwerfern (ab September 1967) vermitteln ein einzigartiges Fahrerlebnis. Die meisten Interessenten wollen, nachdem sie einmal in dem Wagen gesessen haben, nichts anderes mehr fahren.

Pluspunkte

- Einzigartiger Federungskomfort
- Viel Platz
- Gute Sichtverhältnisse für den Fahrer
- Frontantrieb
- Vernünftige Leistungswerte für die DS 23 und die Modelle mit Einspritzung
- Einmaliges Design
- Hervorragendes Bremssystem
- Einfacher und zuverlässiger Motor
- Knautschzonen vorne und hinten
- Stoßstangen und Zierleisten aus rostfreiem Stahl
- Großer Kofferraum

Diese Armaturentafel aus den späten 1960er Jahren zeigt die Platzierung des Radios und eine frühe Klimaanlage.

- Gute Teileverfügbarkeit
- Leichter Reifenwechsel dank der einstellbaren Federung
- Die meisten Karosserieteile lassen sich in wenigen Minuten austauschen.
- Die meisten Wartungsarbeiten können vom Besitzer selbst durchgeführt werden.
- Bei entsprechender Wartung vollkommen alltagstauglich.

Die vier Lüftungsschlitze in der Stoßstange versorgen den Kondensator der Klimaanlage mit Kühlluft.

Minuspunkte

- Hohe Restaurierungskosten
- Vordere Bremsen sind teuer zu reparieren
- Undichtigkeiten im Dach
- Einige Arbeiten können nur von Spezialisten durchgeführt werden.
- Schlechte Vorsorge führt zu Rostschäden am Rahmen.
- Das Einspritzsystem verlängert Wartungsarbeiten.
- Das Hydrauliksystem kann unerfahrene Mechaniker entmutigen, schlecht gewartete Hydraulik kann sich zum Alptraum entwickeln.
- Einige Teile für die Einspritzung sind schwer zu beschaffen.
- Hohe Verbrauchswerte bei Versionen der DS 21 und DS 23
- Viele gut aussehende, aber schlecht gepflegte Wagen finden sich auf dem Markt.
- Radios, die in die Armaturentafel passen, sind schwer zu beschaffen (für Modelle nach 1970).
- Das Radio liegt zu weit vom Fahrer entfernt (Modelle von 1966 bis 1969).
- Modelle mit Schiebedach und Klimaanlage sind schwer zu finden.

4 Relative Werte

Bevor man sich auf die Suche nach seinem Traumwagen begibt, sollte man sich immer einen gründlichen Überblick über die aktuelle Marktlage verschaffen. Diverse Preisführer wie z.B. der jährlich aktualisierte Oldtimer Katalog, erscheint im HEEL Verlag und Fachmagazine wie Oldtimer Markt, informieren sowohl Käufer als auch Verkäufer umfassend und detailliert über Angebot- und Nachfragesituation.

Ein preiswertes Cabriolet zu finden, ist unwahrscheinlich. Doch die Suche kann sich lohnen.

Diese DS 21 aus dem Jahr 1966 wurde mit Zusatzscheinwerfern und einem Haubengriff aufgerüstet.

Der ansehnliche Break (Baujahr 1966) hat die als Extra angebotenen Zusatzscheinwerfer.

Zuerst die gute Nachricht für alle, die sich eine Göttin zulegen wollen: Der Markt hat noch genug Exemplare zu bieten. Nun die schlechte Nachricht: Es werden leider stetig weniger. Aufgrund der massiven Rostproblematik bei dieser Fahrzeugreihe wird es immer schwieriger, gut oder sehr gut erhaltene Exemplare zu finden.
Generell kann man beobachten, dass die Pallas-Varianten grundsätzlich mit einem Aufschlag versehen sind. So kostet beispielsweise eine spät gebaute DS 23 in der Luxusausführung mit Einspritzmotor gut 32.000 Euro, sofern sich das Modell in einem makellosen Zustand befindet. Für eine normale DS 23 ie mit Einspritzmotor im selben Zustand werden immerhin noch ungefähr 30.000 Euro verlangt und die Vergaserversion ist im Zustand 1 für gut 25.000 Euro zu finden.
Eine DS 21 ie aus dem Beginn der siebziger Jahre erzielt als Pallas-Version mit über 27.000 Euro gut

4000 Euro mehr als ihr weniger üppig ausgestattetes Pendant. Die DS-21-Vergaserversion gibt es übrigens für nochmals 3000 Euro weniger. Auf demselben Preisniveau wie die Edelversion der DS 21 ie liegt auch eine in der zweiten Hälfte der Sechziger gebaute DS 19 Pallas, deren bescheidenere Variante in Gestalt der DS 19 bereits für ca. 22.000 Euro den Besitzer wechselt. Wer eine DS 19, 21 oder DS 23 als Pallas im Zustand 2 sucht, kann für ca. 15.000 bis 18.000 Euro seinen Traumwagen finden. Hoffnungslose Teilespender dieser Versionen bekommt man um die 1500 Euro.

Eine ID 19 ist in gutem Zustand bereits für knapp 11.000 Euro zu haben, Topmodelle liegen jedoch auch hier im Bereich von 17.000 Euro. Für denselben Betrag bekommt man aber auch eine DS 20 aus der Mitte der Siebziger oder eine D Super bzw. eine D Super 5 aus dem gleichen Bauzeitraum.

Dieser DS-21-Mischling aus dem Jahr 1972 besitzt Chrom der europäischen und amerikanischen Versionen und ist in einem hervorragenden Zustand.

Cabriolets

Die Chapron-Cabriolets (aus der Fabrik oder vom Karosserieunternehmen selbst) können hier nicht berücksichtigt werden, weil sie zurzeit zu astronomischen Preisen gehandelt werden, und im Zustand 1 mit 80.000 Euro über das Doppelte der entsprechenden Limousinen-Varianten kosten. Im Verlauf von zwölf Jahren liefen nur 1325 Exemplare von den Fließbändern, und wenn sie überhaupt angeboten werden, erzielen sie unabhängig von ihrem Zustand zumeist Höchstpreise.

Vorsicht vor Chapron-Kopien. In den vergangenen 30 Jahren gab es immer wieder Versuche, die Arbeit des Meisters zu kopieren. Einige dieser „Fälschungen“ lassen sich aber auf den ersten Blick als solche erkennen. Sie zeichnen sich durch Kunststoff-Heckkonstruktionen und kleinere Türen aus – andere Kopien sind jedoch schwerer zu entlarven.

Diese attraktive DS 23 ie (1975) besitzt die vom Werk angebotene Klimaanlage.

Es gibt aber auch Leute, die durchgerostete Chapron-Karosserien wegen der Papiere und Seriennummern kaufen, um sie dann mit Karosserieteilen der D-Modelle als „original" Chapron-Exemplare wieder auferstehen zu lassen. Diese Exemplare sind mehr wert als die Kopien, aber deutlich weniger als die Originale.

Produktionsübersicht DS-Modelle

DS 19	1955 bis 1968
DS 20	1968 bis 1975
DS 21	1965 bis 1972
DS 21 ie	1969 bis 1972
DS 23	1972 bis 1975
ID 19	1957 bis 1969
DS 23 ie	1972 bis 1975
ID 20	1968 bis 1969
D Spécial	1969 bis 1975
D Super	1969 bis 1972
D Super5	1972 bis 1975

Der einfach gehaltene Innenraum einer ID 19.

Der Pallas-Innenraum war außerordentlich komfortabel und stilvoll.

Die DS Pallas war wesentlich besser ausgestattet als die ID- oder DS-Modelle.

5 Vor der ersten Inaugenscheinnahme

Um Enttäuschungen angesichts eines Wagens zu vermeiden, der die Erwartungen nicht erfüllt, sollte man vor der Besichtigung unbedingt genaue Fragen stellen. Die Begeisterung über den bevorstehenden Kauf eines D-Modells führt leicht dazu, dass man offensichtliche Mängel übersieht. Außerdem ist es für den Verkäufer schwerer, detaillierte Fragen bewusst falsch zu beantworten. Zusätzlich sollte man versuchen, den Verkäufer und seine Absichten genau einzuschätzen, bevor man sich auf den Weg macht, um das Objekt der Begierde in Augenschein zu nehmen.

Die kleine, runde Plakette rechts oben an der Spritzwand gibt Auskunft über die ursprüngliche Lackierung. Der Code beginnt mit „AC".

Wo steht der Wagen?

Lohnt es sich, eine lange Anreise auf sich zu nehmen? Für ein seltenes Modell wie eine Chapron-Variante oder ein Cabriolet mag sich eine lange Anreise lohnen. Doch wer sich für ein einfacheres D-Modell interessiert, muss sich darüber im Klaren sein, welchen Aufwand man in Kauf nehmen will. Grundsätzlich sollte man sich zu Beginn der Suche Fahrzeuge anschauen, die in unmittelbarer Umgebung angeboten werden, um so etwas Erfahrung zu sammeln. Und vielleicht befindet sich ja unter diesen Kandidaten auch schon ein interessantes Exemplar. Die Entfernung ist natürlich auch ein wichtiger Aspekt für die Transportfrage, falls der Wagen nicht auf seinen eigenen Rädern überführt werden kann. Vielleicht lässt sich der Preis angesichts dieser Kosten drücken? Befindet sich der Wagen im Ausland, gilt es neben der Anfahrt auch noch zusätzlich die Zollmodalitäten bei einem möglichen Kauf zu berücksichtigen. Außerdem war der Ausstattungsstandard teilweise von Land zu Land sehr unterschiedlich.

Händler oder Privatverkauf

Ist der Verkäufer des Wagens auch der Besitzer oder ein Händler? Private Anbieter besitzen zumeist genauere Kenntnisse über den Wagen und sind daher auch eher in der Lage, entsprechende Fragen zu beantworten. Händler, vor allem wenn sie nicht mit der Marke vertraut sind, verfügen meistens über geringere Kenntnisse. Auf Citroën spezialisierte Händler sind eine gute Adresse. Mitunter stehen bei ihnen eine ganze Reihe von D-Modellen oder sie setzen Interessenten auf eine Warteliste für bestimmte Versionen.

Lieferkosten

Manche Händler liefern aus und lassen sich diesen Service teuer bezahlen. Private Anbieter kommen dem Interessenten vielleicht auf halber Strecke entgegen, vor allem, wenn der Wagen fahrtüchtig ist, doch sollte man das Modell unbedingt vorher beim Verkäufer besichtigen, um den Zustand und alle Papiere genau zu untersuchen.

Die Seriennummer dieser Platte sollte der auf der Spritzwand eingelochten Nummer entsprechen.

Besichtigung – wann und wo?

Sinnvollerweise besichtigt man den Wagen beim Händler oder beim privaten Anbieter. Hier können die Papiere in Ruhe überprüft und alle Fragen geklärt werden. Auf jeden Fall sollte die Besichtigung bei Tageslicht stattfinden. Regnerische Tage sind unter allen Umständen zu vermeiden, weil die meisten Wagen im Dunkeln oder nass besser aussehen als sie wirklich sind. Keine Besichtigungen auf öffentlichen Parkplätzen, einer Autobahnraststätte oder einem dunklen Hinterhof vereinbaren.

Verkaufsgründe

Das sollte eine der ersten Fragen sein: Warum wird der Wagen verkauft und wie lange befand er sich im Besitz des letzten Eigentümers? Vertrauenswürdige Verkäufer werden den Verkaufsgrund offen nennen. Wie viele Vorbesitzer gibt es? Achten Sie darauf, ob die Ausführungen des Verkäufers nachvollziehbar sind.

Originalzustand

Viele Pallas-Versionen liefen als einfache DS 21 vom Band, und einige Modelle mit Lederausstattung hatten ursprünglich Stoffpolster. Zahlreiche DS 21 sind umgebaute ID 19. Wenn es darum geht, ein Original zu erwerben, muss man den Verkäufer fragen, ob ihm derartige Umbauten bekannt sind. Eine nicht unbedeutende Anzahl von Modellen sind aus den USA importiert worden, sodass sie rostfrei sein können, wenn sie aus Arizona oder Kalifornien stammen. Allerdings hatten sie ursprünglich andere Scheinwerfer, Zierleisten oder Abgassysteme. Der Umbau von amerikanischen Wagen auf europäische Spezifikationen ist nicht unbedingt wertmindernd, vorausgesetzt die Arbeiten wurden ordentlich ausgeführt.

Zustandsbeschreibung

Schon am Telefon sollte man den Verkäufer nach dem allgemeinen Zustand des angebotenen Exemplars befragen und sich nach Karosserie, Fahrwerk, Innenraum und Mechanik erkundigen. Lieber eine Frage mehr als nötig stellen. Ist der Wagen täglich bewegt worden? Gibt es Wartungsunterlagen? Stimmt der Tachostand? Stand der Wagen in einer Garage? Welche Arbeiten wurden vorgenommen? In vielen Fällen wird bei der Zustandsbeschreibung des Wagens übertrieben. Am besten fragt man vorab nach Fotos, die dann per E-Mail übermittelt werden können. Mit diesen Maßnahmen lässt sich meistens eine überflüssige Reise vermeiden.

Zulassung und TÜV

Ist der Wagen noch zugelassen, kann er problemlos auf eigener Achse in seine neue Garage transportiert werden. Bei abgemeldeten Fahrzeugen ist ein entsprechendes Kennzeichen notwendig. Wann war die letzte TÜV-Prüfung? Liegt der Bericht vor und besteht die Möglichkeit, ihn noch vor der Besichtigung einzusehen? War das Fahrzeug schon längere Zeit stillgelegt, kann eine teure TÜV-Vollabnahme fällig werden.

6 Inspektionsausrüstung

Dieses Buch
Kleiner Schraubendreher
Spiegel an einer Stange
Magnet (nicht stark)
Taschenlampe
Digitalkamera
Overall
Begleiter (bevorzugt jemanden, dessen fachkundigem Urteil man vertrauen kann)

Bevor man sich zum Objekt der Begierde begibt, empfiehlt es sich, einige Dinge einzupacken, die bei der Begutachtung der infrage kommenden DS durchaus hilfreich sein können. Nicht fehlen darf natürlich dieses Buch, denn es dient als nützlicher Bewertungsratgeber. Durch das Ausfüllen der einzelnen Kästen bei der Überprüfung der jeweiligen Punkte erhält man eine übersichtliche Checkliste. Dabei sollte man sich nicht scheuen, den Verkäufer damit zu konfrontieren.

Ein kleiner Schraubendreher kann helfen, korrodierte Stellen in Radkästen und Bodenblechen zu finden. Dabei sollte man natürlich sehr vorsichtig vorgehen. An besonders vom Rostfraß befallenen Stellen kann der Schraubendreher nämlich direkt durch das Blech gehen.

Ein Magnet ist nützlich, um zu ermitteln ob der Wagen mit viel Spachtelmasse geschönt worden ist oder ob Kunststoffteile vorhanden sind. Beim Einsatz des Magneten muss man darauf achten, den Lack nicht zu beschädigen. Bei älteren Fahrzeugen bleibt der Einsatz von Spachtelmasse bei der Restaurierung nicht aus, sodass man darauf vorbereitet sein muss, etwas zu finden. Jedoch sollte es sich dabei nicht um übermäßig viele und großflächige Stellen handeln. Gegen den Einsatz von Kunststoffteilen ist eigentlich nichts einzuwenden, es sei denn, man erwartet ein Fahrzeug in Originalzustand.

Eine leistungsstarke Taschenlampe mit frischen Batterien erleichtert den Blick in die Radkästen und auf den Unterboden. Eine Stoppuhr ist hilfreich, um die Reaktionszeit der Hydraulik zu ermitteln.

Die mit einer Digitalkamera gemachten Aufnahmen ermöglichen es, problematische Stellen zu Hause noch einmal zu studieren. Dabei sollte man jede Schwachstelle des Wagens festhalten.

Bei einer so ausgiebigen Untersuchung muss man darauf vorbereitet sein, schmutzig zu werden. Daher empfiehlt sich ein Overall als Schutzbekleidung. Die durchaus etwas seltsam anmutende Spiegelkonstruktion ermöglicht einen Blick auf kritische Bereiche an schwer zugänglichen Stellen unter dem Wagen. Die Taschenlampe ist dabei eine wichtige Hilfe.

Im Allgemeinen ist es ratsam, eine Untersuchung nur in Begleitung vorzunehmen. Eine zweite Meinung ist immer wertvoll. Es ist natürlich von Vorteil, wenn diese Person mit der Materie vertraut ist.

7 15-Minuten-Prüfung

Suchen Sie nach Undichtigkeiten.

Wenn man ein D-Modell zum ersten Mal besichtigt, ist es wichtig, seinem Vorsatz treu zu bleiben, nicht die erstbeste Rostlaube zu kaufen, die man sieht. Karosserie und Lack, von denen die meisten Amateure die Finger lassen sollten, sind die kostspieligsten Reparaturarbeiten. Doch wie steht es um die eigenen Fähigkeiten, sich um die Mechanik oder Elektrik zu kümmern? Die Antwort auf diese Frage spielt eine überaus wichtige Rolle bei der Entscheidung, welchen Wagen man am Ende erwerben will. Wenn Sie kein Interesse haben, viele Arbeiten selbst durchzuführen, sollten Sie sich das bestmögliche Exemplar zulegen, um den „Freuden des Handwerks" zu entkommen. Ist man hingegen ein talentierter Bastler, kann man sich durchaus für ein preiswerteres Modell mit Schwächen entscheiden. Doch auf welches Exemplar die Wahl am Ende auch fällt – eine tadellose ID 19 aus dem Jahr 1966 oder eine vergammelte, aber laufende DS23 ie – einige Wagen sind einfach keine Mühe wert.

Es gibt einige wichtige Prüfpunkte bei der ersten Besichtigung, und dazu gehören vor allem die Türschweller an der linken und rechten Seite des Chassis sowie die Bodenbleche. Um sie zu überprüfen, blickt man unter den Wagen und zwar an der Stelle, wo sich der vordere Fußraum befindet. Sind dort Rostlöcher? Befinden sich dort Einbuchtungen oder handelt es sich um ein flaches Stahlblech? Lassen sich dort verdächtige Schweißnähte oder Nieten finden, die auf eine Reparatur hinweisen? Gibt es übermäßig viel Auftrag von Unterbodenschutz, der auf eine Vertuschung von Rostschäden schließen lässt? Rost im Bereich der Schweller ist so gut wie unmöglich zu reparieren, und jede Andeutung, dass sich dort Korrosion ausbreitet, ist ein Grund, die Besichtigung auf der Stelle abzubrechen.

Heben Sie die Fußmatten an und überprüfen Sie die Bodenbleche.

Haben die Schweller die Überprüfung bestanden, hebt man den Teppichboden an und untersucht das Bodenblech. Macht es einen soliden und rostfreien Eindruck? Handelt es sich um Original- oder um Austauschbleche? Ist das Blech beschädigt? Dieses Defizit wäre noch akzeptabel, doch sollte eine weitere Kontrolle auf Rostbefall oder Reparaturen folgen, um zu entscheiden, ob der Wagen interessant ist.

Danach öffnet man die Motorhaube, um den Hilfsrahmen hinter der Stoßstange beim Kühler zu untersuchen. Hier konzentriert sich die Überprüfung auf mögliche Folgen eines Auffahrunfalls, die sich als Falten in dem Hilfsrahmen zeigen, der nur schwer zu reparieren ist. Hier hilft nur ein Komplett-

Suchen Sie im Bereich der Schweller nach Rost oder Beschädigungen.

austausch, der von einem Spezialisten vorgenommen werden muss, um alle Maße einzuhalten. Wem diese Arbeit zu aufwendig ist, sollte sich nach einem anderen Modell umsehen.

Nun öffnet man die Türen und untersucht die Pfosten. Rostbefall in den Türen lässt sich mittels Reparaturblechen oder Neuteilen korrigieren, doch die Instandsetzung der Pfosten ist etwas komplizierter. Untersuchen Sie daher die Säulen an beiden Enden und die Punkte, an denen die Scharniere befestigt sind und entscheiden Sie anhand des Rostbefalls, ob sich eine weitere Besichtigung lohnt.

Am Heck des Wagens empfiehlt sich ein Blick unter den Kofferraum. Macht das Blech einen soliden Eindruck? Falls nicht, wie schlimm ist der Zustand? Es gibt Reparaturbleche für diesen Bereich, doch wenn der Rost sich zu nahe an den Fahrwerksträgern befindet, lohnt sich der Aufwand nicht mehr. Nun untersucht man die hinteren Federzylinder sowie den Zustand des Chassis in der direkten Umgebung zur Federung und des Druckbehälters. Rostbefall in diesem Bereich kann dazu führen, dass sich die Fahrwerksteile, wenn sie von der Hydraulik angehoben und/oder auf die unterschiedlichen Fahrzustände eingestellt werden, verbiegen, sodass der Wagen unfahrbar und gleichzeitig unreparierbar wird. Daher sollte man Fahrzeuge mit Dellen im Rahmen oder Rostbefall in der Nähe der hinteren Federung vermeiden.

Indem man sich vor dem Wagen postiert, kann man die Stellung der Räder kontrollieren. Die D-Modelle haben keine Justierung für Sturz und Nachlauf, sodass sich ein seltsamer Winkel der Reifen nicht korrigieren ließe. Ein ungewöhnlicher Sturz kann daher seine Ursache in einem Schaden an der Frontaufhängung haben, was sehr kostspielig ist und zudem ein Grund, die Besichtigung abzubrechen. Es sei denn, der Verkäufer bietet einen satten Rabatt an.

Als Nächstes kontrolliert man das Kühlwasser auf Ölrückstände und umgekehrt das Öl auf Wasserrückstände. Sollte eines von beiden der Fall sein, sind aufwendige Reparaturen die Folge, sodass man sich anderen Angeboten zuwenden sollte.

Lack und Innenraum sollten Ihrem Geschmack und Erwartungen entsprechen. Suchen Sie nach einem Concours-Modell, dann ist eine DS 21 mit einem zusammengewürfelten Interieur und verbeulten Stoßstangen kaum das passende Angebot. Falls man aber nach einem perfekten Restaurierungsobjekt sucht, dann ist ein verbrauchter Wagen mit durchschnittlicher Mechanik, aber ohne Rost das beste Angebot. Überhaupt kann der Wagen, der für den einen Käufer absolut perfekt ist, für den nächsten Interessenten vollkommen indiskutabel sein. Sollte der Wagen aber bisher alle Erwartungen erfüllt haben, kann man sich Kapitel Neun – der realistischen Bewertung – zuwenden.

Suchen Sie unter dem Wagen nach undichten Stellen und Rost.

8 Problemstellen

Rost am Fahrwerk

Falls man nicht das Glück hat, ein D-Modell aus Südeuropa oder den südlichen USA zu finden, wird fast jedes Fahrzeug mehr oder weniger Rost, und/oder Versuche, die Korrosion zu bekämpfen, aufweisen. Entsprechende Reparaturen, vorausgesetzt sie sind professionell ausgeführt, sollten den Interessenten nicht vom Kauf abhalten. Zumal, wenn sich der Rest des Wagens in einem guten Zustand befindet. Es gibt für die D-Modelle zahlreiche Reparaturbleche auf dem Markt, sodass Rostbefall in fast allen Fällen, selbst am Bodenblech, beseitigt werden kann, ohne das der Rest des Wagens dadurch beeinträchtigt wird. Allerdings bedeutet Rostbefall an den Chassisflanken und im Bereich der hinteren Federzylinder, dass der Wagen allenfalls als Teilelieferant in Frage kommt.

Die Abdeckungen erschweren die Untersuchung der Schweller auf Korrosion und/oder Beschädigungen.

Hydraulik

Die Hydraulik der D-Modelle gilt zwar als ihre anerkannte Stärke, erweist sich mitunter aber auch als ihre größte Schwäche. Ein schlecht gewartetes Hydrauliksystem kann jede Menge Schwierigkeiten verursachen, wobei einige Probleme erst dann auftauchen, wenn ein anderes gerade abgehakt wurde. Eine Hydraulikpumpe mit kurzen Reaktionszeiten kann eine Vielzahl von Defekten anzeigen – von verbrauchten Federzylindern, über Leckagen in der Lenkung, eine defekte Pumpe bis hin zu anderen Möglichkeiten. Selbst wenn man alle Hydraulikleitungen und -komponenten auf Undichtigkeit untersucht hat, bedeutet dies nicht, dass das System tatsächlich ordnungsgemäß funktioniert.

Verkabelung

Wer sich für ein D-Modell aus den Jahren 1966 bis 1969 interessiert, sollte den Kabelbaum genau untersuchen – vor allem an der Stelle, wo die Kabel durch die Spritzwand geführt werden und dort am Übergang zu den Front-Kotflügeln. Die in jenen Jahren verwendeten Kabel hatten eine zu schwache Isolierung, die oft bis auf den nackten Draht verschwand und sich so zum Gefahrenherd entwickelte. Heute gibt es verbesserte Kabelbäume, die bis auf die verstärkte Isolierung dem Original entsprechen. Blanke Drähte oder schlecht reparierte Kabel sind ein untrügliches Zeichen dafür, dass in diesem Bereich größere Investitionen anstehen.

Getriebe

Überprüfen Sie den Zustand der einzelnen Gänge, der Synchronisation sowie der Getriebelager bei der Probefahrt. Eine Getriebeüberholung kann bei einem D-Modell kostspieliger sein als ein Austauschmotor. Ein sauber arbeitendes Getriebe kann daher Tausende Euro sparen.

Motorzustand

Als die DS im Jahr 1955 präsentiert wurde, war die Motorkonstruktion bereits 21 Jahre alt. Zwar wurde das Triebwerk 1966 überarbeitet, behielt aber sein Vierzylinder-Layout auch in den verschiedenen Varianten bei, die noch folgen sollten. Und das aus gutem Grund: Der Antrieb ist äußerst robust und kann problemlos mehr als 300.000 Kilometer laufen, bevor eine Revision erforderlich wird. Allerdings gibt es auch sehr schlecht gepflegte D-Motoren, sodass man – wenn die Besichtigung zeigt, dass der Antrieb das Ende seiner Laufzeit erreicht hat – entweder vom Kaufvorhaben Abstand nehmen oder einen satten Nachlass verlangen sollte.

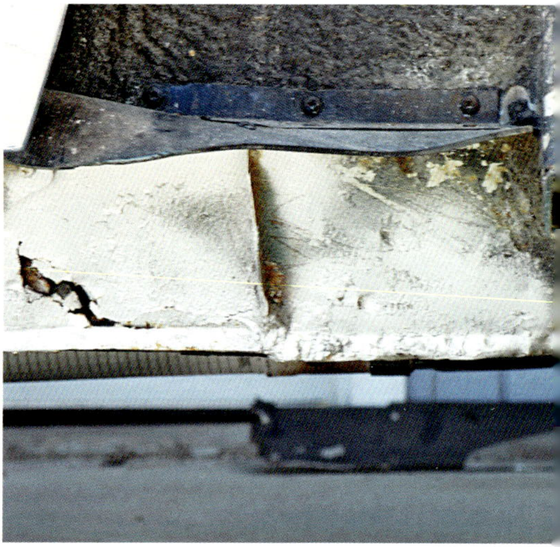

Dieser Rostbefall war hinter einer Abdeckung verborgen und daher schwer zu finden.

9 Realistische Bewertung

Vergeben Sie in den entsprechenden Kategorien je nach Zustand die angemessene Punktzahl (1-4), während Sie den Wagen untersuchen. Dabei bedeutet:

++ (4 Punkte) perfekter Zustand
+ (3 Punkte) nahezu perfekter Zustand
o (2 Punkte) restaurierungs- bzw. reparaturbedürftiger Zustand
– (1 Punkt) schwere Mängel

Die Auswertung der Gesamtpunktzahl wird am Ende des Kapitels erklärt. Seien Sie bei der Beurteilung realistisch!

Benutzen Sie einen kleinen Magnet, um Spachtelmasse ausfindig zu machen.

Äußeres Erscheinungsbild

Lack

Untersuchen Sie den Lack des Wagens und entscheiden Sie, ob er Ihren Erwartungen entspricht. Eine Neulackierung kann sich sehr kostspielig gestalten. Es bedarf eines großen Zeitaufwands, alle Türgriffe, Schutzgummis und Zierleisten zu entfernen. Wenn Sie außerdem eine Änderung der Farbe beabsichtigen, müssen auch alle Anbauteile im Innenraum entfernt werden. Wurde der Wagen erst kürzlich neu lackiert, muss man die Qualität der Arbeit genau unter die Lupe nehmen, um keiner Billiglackierung aufzusitzen. (siehe auch Kapitel 14) Bei dieser Untersuchung kommt der Magnet ins Spiel. Führen Sie ihn um die gesamte Karosserie (vor allem an der Unterseite der Türen und um die Scheinwerfer), um Spachtelmasse aufzuspüren. Schlecht reparierte Karosserieschäden zeichnen sich nämlich durch den massiven Einsatz von Spachtelmasse aus, was bei dieser Prüfung gegebenenfalls offensichtlich wird. Gehen Sie um den Wagen herum, um Unebenheiten an den Karosserieoberflächen und ungleiche Spaltmaße festzustellen.

Karosseriebleche

++ + o –

Oberflächenstruktur

4 3 2 1

Gehen Sie hinter einer Seite des Wagens in die Knie und untersuchen Sie die Karosserie auf ihre Gleichmäßigkeit. Wiederholen Sie das auf der anderen Seite. Wellige Bereiche sind meist Zeichen einer schlecht ausgeführten Karosseriereparatur.

++ + o –

Spaltmaße

4 3 2 1

Gehen Sie um den Wagen herum und untersuchen Sie die Spaltmaße an den Türen, Kotflügeln und Hauben. Sie sollten nicht mehr als einen Zentimeter messen und vor allem überall gleichmäßig ausfallen. Ist das nicht der Fall, könnte die Ursache unter anderem in einer schlecht ausgeführten Unfallreparatur zu suchen sein.

Die ungleichen Spaltmaße bei diesem Modell lassen sich wahrscheinlich ausgleichen.

Äußere Chromzierteile

++ + o –
4 3 2 1

ID 19 und D Spécial hatten sehr wenige Chromzierteile, doch die DS-Modelle und vor allem die Pallas-Versionen besaßen an der gesamten Karosserie übermäßig viel Chrom. Untersuchen Sie zunächst, ob alle Teile vorhanden sind und suchen Sie dann nach Rostblasen in diesem Bereich. Die Zierteile selbst bestehen zwar aus rostfreiem Stahl, doch wirken sie als Wasser- und Schmutzfallen, sodass sich darunter Korrosion ausbreiten kann.

Dieses Foto einer DS zeigt die zahlreichen Zierteile.

Suchen Sie an den Frontscheinwerfern nach Rost.

Unter den Scheinwerfern

++ + o –
4 3 2 1

Untersuchen Sie die Front-Kotflügel unterhalb der Scheinwerfer und im Bereich der Blinker. Die Doppelbleche sind berüchtigt für Rostbefall und kostspielig zu ersetzen.

Abschirmblech vorne

++ + o –
4 3 2 1

Das vordere Abschirmblech muss aufmerksam untersucht werden, weil sich hier – vor allem an der Unterseite – Rost ausbreiten kann und immer wieder Spachtelmasse eingesetzt wird, um die Folgen von kleineren Schäden zu vertuschen. Glücklicherweise gibt es als Austausch für besonders stark beschädigte Bleche Kunststoffteile auf dem Ersatzteilmarkt.

Dieser Rostbefall wurde wahrscheinlich durch eingeschlossenen Schmutz verursacht.

Kotflügel vorne

++ + o –
4 3 2 1

Untersuchen Sie den unteren Teil der Kotflügel hinter dem Rad. Wenn sich dort kein Rost befindet, suchen Sie unter dem Kotflügel nach Rostlöchern. Am hinteren Teil des Kotflügels befinden sich mehrere Schmutzabweiser, in denen sich Schmutz ansammeln und Korrosion verursachen kann.

Das untere Ende einer Tür zeigt zwar ihr Alter, ist aber vollkommen frei von Rost und Rissen.

Motorraum

++ + o –
4 3 2 1

Überprüfen Sie den vorderen Hilfsrahmen im Motorraum. Dieser Hilfsrahmen ist nachgiebiger ausgeführt als der Rest des Chassis, um bei einem Frontal-Zusammenstoß zu kollabieren und die Energie aufzunehmen. Leider kann der Rahmen auch bei kleineren Unfällen einknicken, und dieser Schaden wurde nicht immer korrigiert, sodass man dieses Teil mit Hilfe der Taschenlampe genau kontrollieren muss.

Rost am vorderen Ende der linken Fronttür eines D-Modells.

Türen

++ + o –
4 3 2 1

Überprüfen Sie die Unterseite der Türen auf ihren geradlinigen Verlauf. Es sollte

Am unteren Ende der Kofferraumhaube ist Rost ein vertrauter Anblick.

keine feststellbare Wölbung vorhanden sein. Suchen Sie vor allem an den unteren vorderen Enden der Fronttüren nach Rostblasen. Öffnen Sie die Türen und kontrollieren auch den hinteren Teil auf Rost, Risse und Reparaturen.

++	+	o	–
4	3	2	1

Oberer Teil der Türen

Untersuchen Sie den Bereich um die Halterungen der Rückspiegel und die vordere obere Kante der Türen auf Risse. Die Türen sind breit und schwer, sodass sich nach 35 Jahren und mehr durchaus Risse an diesen Belastungspunkten bilden können. Kleinere Schäden lassen sich schweißen, doch größere Risse sind nur schwer zu beseitigen.

++	+	o	–
4	3	2	1

Kotflügel hinten

Öffnen Sie die Türen und untersuchen Sie das innere Blech auf Roststellen an seinen vorderen Halterungen.

Eine gesunde und rostfreie hintere Kotflügelstütze.

++	+	o	–
4	3	2	1

Kofferraumhaube

Citroën klebte eine Moosgummi-Dichtung in die Innenseiten der Kofferraumhauben, um so das Eindringen von Wasser zu verhindern. Unglücklicherweise löst sich die schützende Schicht dieser Dichtung im Laufe der Zeit auf, das Moosgummi saugt sich voll Wasser und verursacht so den Rostbefall der Haube von innen. Die schlimmsten Rostschäden befinden sich zumeist am unteren Ende der Haube. Gleichzeitig sollte man die Haube an beiden Seiten auf Risse untersuchen. Die schwache Rahmenkonstruktion gibt mitunter nach.

Die Alu-Motorhaube neigt an ihren Rändern zu Rissbildung.

++	+	o	–
4	3	2	1

Türpfosten

Untersuchen Sie die Basis der Türpfosten und die Aufhängung der hinteren Kotflügel auf Rost, weil sich an diesen Stellen Wasser und Schmutz ansammeln kann. Suchen Sie gleichzeitig auch nach unreparierten Schäden an diesen sowie an den äußeren Karosserieblechen. Nach einem Seitenaufprall wurden unter Umständen die Bleche ausgetauscht, während die Türpfosten ohne Reparatur blieben.

++	+	o	–
4	3	2	1

Motorhaube

Im Allgemeinen ist die Motorhaube bei den meisten Wagen eine problemfreie Zone, doch bei den Aluhauben der D-Modellen können unter Umständen Korrosion und Risse auftreten. Untersuchen Sie daher die vorderen Innenseiten der Haube sowie die Kanten auf Korrosion und Beschädigungen. Wenn es Anzeichen dafür gibt, dass sich die Haube einmal während der Fahrt geöffnet hat (nicht ungewöhnlich, wenn

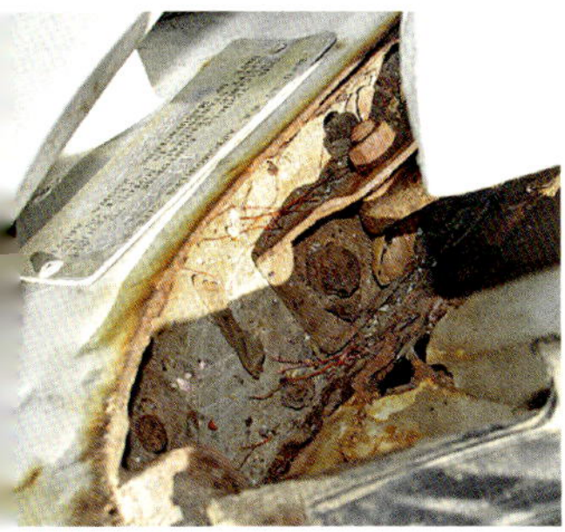

Rost an den Haubengelenken ist schwer zu reparieren.

Schlechte Karosseriearbeit ist wahrscheinlich für den Zustand dieser Haube verantwortlich.

sie nicht korrekt eingerastet ist), ist eine Reparatur schwierig, und man wird nach einem Ersatz suchen müssen. Neue Hauben sind nicht mehr lieferbar und gute gebrauchte sind entsprechend teuer. Untersuchen Sie auch die A-Säule, wo sich die Haubenscharniere befinden. Blätter, Schmutz und Wasser sammeln sich um die Gelenke und lassen die Halterungen verrotten. Wenn hier ein deutlicher Rostbefall vorliegt, hilft nur ein Neuaufbau.

Bei diesem Kombidach wurde eine Reparatur an den Dichtungen versucht. Das Kombidach leidet stärker unter Rostbefall als die Limousinen, weil es aus Stahlblech und nicht aus Kunststoff gefertigt ist.

++ + o –

Dach

4 3 2 1

Das Dach ist ebenfalls bei den meisten Automobilen keine Problemzone. Die D-Modelle besitzen jedoch ein Kunststoffdach, das an die Karosserie genietet wurde. U-förmige Dichtungen versiegelten die Kanten des Dachs, und damit entstanden gleich zwei Problemzonen. Die erste ist die Dichtung selbst, die im Laufe der Jahre verhärtet. Dadurch bilden sich Risse, die wiederum zu undichten Stellen führen, was sich an Spuren im Dachhimmel zeigt. Das zweite Problem zeigt sich als Rost an den Metallkanten der Dachkonstruktion. Diese Kante, die mit dem Kunststoff verbunden ist, kann im Laufe der Zeit so weit rosten, dass es keine Verbindung mehr zum Dach gibt. Untersuchen Sie die Dachdichtung vorsichtig und heben Sie bei Verdacht die Gummidichtung leicht mit einem Schraubendreher an, um die Kante zu überprüfen.

Diese Dachabdichtung ist gerissen und verschlissen. Erst eine genaue Untersuchung bringt Klarheit, ob eine Reparatur möglich ist.

++ + o –

Rahmen der Windschutzscheibe

4 3 2 1

Bei den D-Modellen sitzt die Windschutzscheibe in einer Gummidichtung, die in einen Rahmen gepresst wird. Das macht es ziemlich leicht, die Scheibe auszutauschen, weil man nur eine Klammer an der unteren Seite lösen muss. Doch weil die Scheibe nicht geklebt ist, kann sich am Gummi Wasser sammeln – vor allem am oberen Teil der Scheibe am Übergang zum Dach. Heben Sie daher die Gummidichtung an und suchen Sie nach Rost. Ein erheblicher Rostschaden in diesem Bereich bedeutet einen Austausch des Rahmens. Seien Sie vorsichtig bei Modellen, die einen großzügigen Einsatz von Dichtungsmasse um den Rahmen der Windschutzscheibe und Gummi aufweisen. Damit wird häufig Rost in diesem Bereich kaschiert.

Obwohl der Rest des Wagens gesund ist, verursachte eine schwache Dichtung diesen Rostbefall im Kofferraum.

++ + o –

Stoßstange hinten

4 3 2 1

Die gesamte Konstruktion besteht aus rostfreiem Stahl. Sie lässt sich bei Bedarf leicht polieren und ausrichten. Greifen Sie unter die Stoßstange und versuchen Sie, sie nach oben und unten zu bewegen. Wenn sie sich deutlich bewegt, ist dies vermutlich ein Zeichen dafür, dass die Halterungen an der Kofferraumwand verrottet sind. In diesem Fall sollte man die Kotflügel entfernen (dazu nur einen Bolzen hinten lösen) und den ganzen Bereich intensiver untersuchen.

Kofferraumwand

++ + o –
[4] [3] [2] [1]

Untersuchen Sie den oberen Teil der Kofferraumwand vor allem in den Ecken. Eine schlechte Dichtung und feuchtes Klima lassen den Rost an dieser Kante blühen. Austauschbleche sind lieferbar, falls der Rostbefall zu stark sein sollte.

Dieser Abschlepphaken wurde beim Versuch, den Wagen fest zu zurren, zerstört.

Kofferraumboden und Seitenwände

++ + o –
[4] [3] [2] [1]

Heben Sie die Teppichauskleidung im Kofferraum an und untersuchen Sie den Boden. Auch hier kommt es häufig zu Rostbefall. Überprüfen Sie dabei gleichzeitig die unteren Kanten der Seitenwände. Der Kofferraumboden und die Seitenwände sind bei den D-Modellen gewöhnlich die am meisten vom Rost heimgesuchten Bereiche, weil viele Wagen unzureichende Dichtungen aufweisen. Ist kein Rost vorhanden, muss man die Seitenwände und den Boden auf mögliche Anzeichen für einen Auffahrunfall untersuchen.

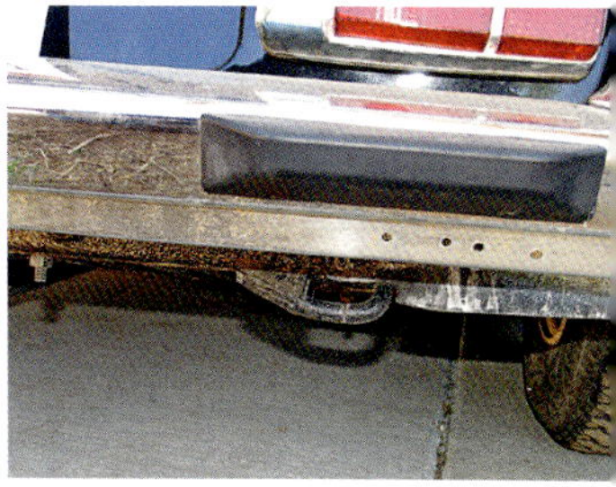
Ein unbenutzter Abschlepphaken unter der hinteren Stoßstange.

Abschlepphaken hinten

++ + o –
[4] [3] [2] [1]

Überprüfen Sie die „Abschlepphaken", indem Sie unter den hinteren Kotflügel blicken. Obwohl sie als Abschlepphaken bezeichnet wurden, sind sie nicht mehr als Anlenkpunkte für den Wagenheber. Sollten Sie tatsächlich einmal als Abschlepphaken benutzt worden sein, befinden sich an diesen Stellen wahrscheinlich nur noch Löcher oder aber sie wurden dabei teilweise aus ihren Halterungen in den Kofferraum-Schwellern herausgerissen.

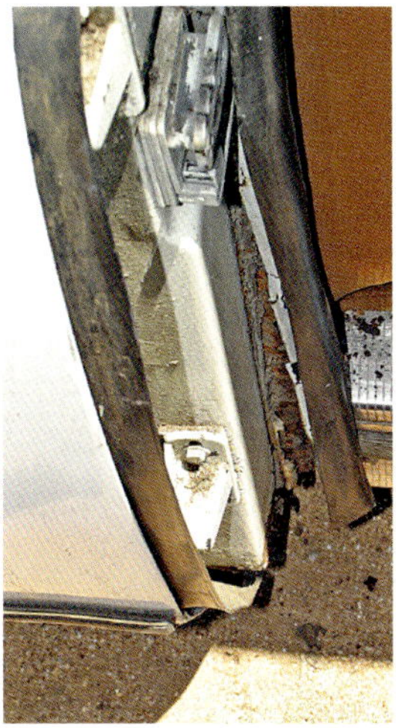
Rost zerstörte die Aufnahme der hinteren Türdichtung.

Schweller

++ + o –
[4] [3] [2] [1]

Die Rahmenschweller bei ID und Break lassen sich leicht untersuchen. Bei DS und Pallas befinden sie sich unglücklicherweise unter Abschirmblechen und können nur überprüft werden, indem man diese Bleche entfernt. Da das die meisten Verkäufer kaum zulassen werden, muss man sich mit einem Blick auf einen kleinen Teil der Schweller zufrieden geben. Dieser Einblick ist zum einen vorn oder durch zwei spezielle Öffnungen möglich. Die Öffnungen und die unverdeckten Bereiche waren als Wagenheberpunkte gedacht, sind aber groß genug, um dort mit einem Schraubendreher und Taschenlampe auf Rostjagd gehen zu können.

Boden

++ + o –
[4] [3] [2] [1]

Heben Sie die vorderen und hinteren Bodenmatten an, um nach Rost zu suchen. Die untere Schaumstoffschicht der Matten ist wie geschaffen dafür, Wasser aufzunehmen, sodass die Bodenbleche von innen nach außen rosten können. Für Schweller und Boden gibt es Reparaturbleche, doch sollte man darauf vorbereitet sein, dass man für ihre Montage dutzende Arbeitsstunden bezahlen muss.

Scheinwerfer

++ + o –
[4] [3] [2] [1]

Die nach 1967 gebauten D-Modelle hatten jeweils zwei Scheinwerfer hinter einer Glasabdeckung. Die meisten dieser Modelle besitzen mitlenkende Scheinwerfer. Gebrauchte Teile für Reparaturen sind leicht

Untersuchen Sie die Spiegel der Scheinwerfer. Gebrauchte Teile sind leicht zu beschaffen.

zu beschaffen, dennoch sollte man Reflektoren und Lenkmechanismus auf ihren Zustand untersuchen, weil Reparaturen meistens nur von Spezialisten ausgeführt werden können.

++ + o –

Karosseriedichtungen

4 3 2 1

So gut wie alle Dichtungen sind bei Spezialbetrieben erhältlich, was jedoch keinesfalls eine genaue Untersuchung in diesem Bereich ausschließen sollte. Schlechte Dichtungen an Türen, Dach, Hauben oder anderen Karosserieteilen können schwerwiegende Probleme zur Folge haben. Daher muss man alle Dichtungen auf Risse, Verschleiß oder Verhärtungen überprüfen, und, wenn man fündig wird, auch die angrenzenden Karosseriebereiche auf Schäden kontrollieren.

Rost am hinteren Seitenfenster beim Kombi lässt sich nur schwer reparieren.

++ + o –

Probleme beim Kombi

4 3 2 1

Von den hinteren Türen bis zur Frontpartie stimmt die Kombiversion der D-Modelle (auch als Break, Familiale oder Safari bekannt) mit den Limousinen überein. Es gibt nur geringe mechanische Abweichungen in der Heckfederung, die allerdings keine besonderen Probleme darstellen. Einige kosmetische Besonderheiten am Heck bieten allerdings ein vergrößertes Rostpotenzial. Am oberen Teil des Radkastens, wo er an den Rahmen des hinteren Fensters stößt, sammelt sich Schmutz. Hier kann sich Feuchtigkeit festsetzen, die das Blech rosten lässt. Für die genaue Untersuchung in diesem Bereich eignet sich die Taschenlampe. Entfernen Sie bei Bedarf die Kotflügel. Die Gummidichtungen der hinteren Seitenfenster speichern ebenfalls Feuchtigkeit, sodass man hier den unteren Teil des Rahmens (außen und innen) auf Rostblasen kontrollieren muss. Ein deutlicher Rostbefall in diesem Bereich lässt sich nur schwer reparieren.

An diesem Kombi breitet sich der Rost in den bekannten Problemzonen aus.

Untersuchen Sie nun den oberen Teil der Heckklappe im Bereich der Gummidichtung. Rost breitet sich zumeist mehr im Innenteil der Klappe aus, sodass hier eine sorgfältige Überprüfung erfolgen muss.

Eine andere Problemzone beim Kombi ist die untere Hälfte der Heckklappe.

++ + o –

Räder und Reifen

4 3 2 1

Die D-Modelle rollten auf Stahlrädern mit Radkappen aus rostfreiem Material, wobei die Qualität bei ID, D Spécial und D Super nicht sonderlich gut war. Untersuchen Sie die Räder auf Beschädigungen und Rost an den Nähten. Gebrauchte Räder sind in ausreichender Menge auf dem Markt, sodass Schäden in diesem Bereich den Kauf nicht verhindern sollten. Daneben ist eine Überprüfung der Reifen fällig. Die Original-Reifen Michelin XAS sind sehr teuer und später montierte, billigere Reifen haben nicht immer die zugelassene Größe. Kleinere oder größere Reifen können die Lenkung, das Fahrverhalten und die Genauigkeit des Tachos negativ beeinflussen.

An diesem D-Modell sollten sich zwei Endrohre befinden. Bei diesem Exemplar wurde offensichtlich an der Auspuffanlage gebastelt.

++ + o –

Auspuff

[4] [3] [2] [1]

Untersuchen Sie den Abgaskrümmer zwischen Motor und Flammrohr. Hier sollten keine zischenden oder blasenden Geräusche entstehen, die entweder auf eine durchgebrannte Dichtung oder, noch schlimmer, auf einen defekten Krümmer hinweisen könnten. Reparaturen in diesem Bereich sind sehr zeitaufwendig.

Das Flammrohr ist mit einem flexiblen Rohr verbunden, das in den quer gelagerten Mittelschalldämpfer übergeht, an dessen Ende sich zwei Endrohre befinden, die wiederum mit dem Endschalldämpfer verbunden sind. Untersuchen Sie den Auspuff auf Rost und Löcher. Stellen Sie zudem sicher, dass alle Teile durch Klammern miteinander verbunden sind. Mitunter wurden die einzelnen Elemente bei einer schnellen Reparatur verschweißt, was wiederum den Austausch einzelner Teile erschwert.

Nach dem (einfachen) Entfernen des hinteren Kotflügels kann man die Radläufe leicht auf Rost untersuchen.

++ + o –

Glas

[4] [3] [2] [1]

Die Windschutzscheibe ist nicht geklebt und lässt sich leicht austauschen. Untersuchen Sie die Scheibe auf Risse und Kratzer. Überprüfen Sie die Führungen der Seitenfenster, indem Sie die Scheiben zur Hälfte herunter drehen und dann versuchen, sie hin und her zu bewegen. Dabei sollte nur ein geringes Spiel auftreten. Verschlissene Führungen neigen nicht nur zum Klappern, sie bieten auch wenig Schutz gegen eindringendes Wasser oder Wind.

Innenraum

++ + o –

Sitze

[4] [3] [2] [1]

Die Sitze der D-Modelle wurden immer wieder mit Sofas verglichen und gehören zum bequemsten, was jemals in einem Automobil eingebaut wurde. Kontrollieren Sie die Qualität der Polsterung. Handelt es sich noch um das ursprüngliche Material, wurden sie gegebenenfalls in der ursprünglichen Qualität aufgearbeitet oder ist es ein minderwertiger Ersatz? Die vor 1969 verwendeten Sitze hatten Sprungfedern. Durchgesessene Sitzflächen erkennen Sie daran, dass die Federn ihre Spannung verloren haben. Nach 1969 wechselte Citroën zu Schaumstoff, der sich als wesentlich langlebiger erwies. Stellen Sie sicher, dass die Sitzeinstellung (ein Hebel auf der Türseite bei den vor 1969 gebauten Modell, danach kam ein Drehgriff zum Einsatz) noch funktioniert. Schieben Sie die Sitze nach vorne und hinten, um ihre Verstellmöglichkeiten zu untersuchen. Kontrollieren Sie danach, ob die Höhenverstellung der Sitze funktioniert (Extra bei den vor 1971 gebauten DS). Zum Schluss überprüfen Sie die Rückenlehnen auf ihre Stabilität.

++ + o –

Türverkleidungen

[4] [3] [2] [1]

Die Türverkleidungen haben die Neigung, nachzugeben und sich zu verformen. Mitunter helfen nur zusätzliche Schrauben, um sie an der Tür zu fixieren. Stark verformte Verkleidungen sind ein Hinweis auf Wasser, das durch defekte Dichtungen der Seitenfenster in die Tür eingedrungen ist.

++ + o –

Dachhimmel

[4] [3] [2] [1]

Der Dachhimmel besteht entweder aus weißem Vinyl (bei den frühen ID-Modellen) oder aus hellgrauem Tuch (bei den meisten später gebauten Wagen). Untersuchen Sie diesen Bereich vor allem an den vorderen Kanten auf Wasserflecken. Dies kann ein Hinweis auf eine defekte Dachdichtung sein. Für ihren Austausch muss das Dach entfernt werden.

Untersuchen Sie den Dachhimmel auf Flecken. Dieses Exemplar befindet sich in einem guten Zustand.

++ + o –

Teppichboden [4] [3] [2] [1]

Die ID-, DS-, Estate-, D-Spécial- und D-Super-Modelle wurden mit Fußmatten aus Nylon mit einer Schaumstoffunterlage ausgeliefert. Alle anderen Bodenflächen wurden mit einem hellgrauen Kunststoffmaterial ausgeschlagen. Dazu gehören auch die inneren Schweller und der Bereich unter den Sitzen. Die Pallas-Variante hatte einen Wollteppichboden, der auf die Polsterung des Wagens abgestimmt war. Ersatz ist verfügbar, sodass beschädigte Teppichböden leicht ausgetauscht werden können. Allerdings hat dies seinen Preis.

Diese Türverkleidung wird nur noch vom Fensterheber gehalten. Eine defekte Dichtung verursachte den Schaden an der Verkleidung.

++ + o –

Türgriffe innen [4] [3] [2] [1]

Die Griffe bestehen aus Kunststoff, Aluminium oder verchromtem Metall. Obwohl die besser ausgestatteten D-Modelle alle mit verchromten Griffen ausgeliefert wurden, können dies die hässlichsten sein. Wenn der Chrom abblättert, hinterlässt er unansehnliche Griffe in einem ansonsten gepflegten Innenraum. Spezialisten bieten aufgearbeitete Griffe an, verlangen aber hohe Preise.

++ + o –

Armaturentafel [4] [3] [2] [1]

Überprüfen Sie die Armaturentafel und die Instrumente. Die vor 1970 verwendeten Armaturentafeln sind anfälliger für Schäden durch Sonneneinstrahlung und Risse als die Exemplare mit runden Instrumenten, die nach 1970 bei allen Modellen verwendet wurden. Allerdings besteht die später montierte Einfassung der Rundinstrumente aus Kunststoff und leidet häufig unter abgebrochenen Kanten. Außerdem lassen sich hier nur schwer aktuelle Radios nachträglich einbauen, weil der von Citroën dafür vorgesehene Schlitz über dem Aschenbecher zu klein ausgefallen ist. Daher werden Radios gerne auf der Beifahrerseite unterhalb des Handschuhfachs platziert. Allerdings muss auch an dieser Stelle erst Platz in der Armaturentafel geschaffen werden, und außerdem ist das Radio vom Fahrersitz aus nur schwer zu erreichen.

In diese Armaturentafel aus der Zeit vor 1970 wurde nachträglich ein Radio eingebaut.

Zu fest angezogene Schrauben verursachten die abgebrochenen Kanten an dieser Armaturentafel.

++ + o –

Lenkrad [4] [3] [2] [1]

Alle Versionen der D-Modelle besaßen ein einspeichiges Lenkrad mit der Ruheposition bei sieben Uhr. Bis 1970 hatten alle Versionen ein graues oder schwarzes Lenkrad mit einer dünnen Ummantelung aus

Kunststoff. Nach 1972 und bei den später gebauten DS-Modellen wechselte die Firma zu einem „Sicherheitslenkrad", das aber immer noch nur eine Speiche aufwies. Die nach 1972 gebauten Versionen D Spécial und D Super erhielten ebenfalls das „Sichereitslenkrad", wenn sie mit Servolenkung ausgestattet waren. Bei einem Fahrzeug mit einem derartigen Lenkrad empfiehlt sich die Untersuchung auf eine gelockerte Ummantelung, und außerdem sollte sein Allgemeinzustand überprüft werden. Lenkrad und -säule bilden eine Einheit, sodass ein Austausch mehr Aufwand als bei anderen Automobilen bedeutet.

++	+	o	–
4	3	2	1

Kühlsystem

Die D-Modelle hatten zwei unterschiedliche Kühlsysteme. Die ID und die vor 1970 gebauten Exemplare benutzten Fallstromkühler mit der Druckklappe direkt auf dem Kühler. Mit der DS 21 und den Einspritzmodellen wurde ein Querstromkühler mit einem thermogesteuerten Kühlventilator und einer Druckklappe auf dem Überlaufbehälter eingeführt. Bei beiden handelt es sich um Niederdrucksysteme mit einer durch einen Riemen angetriebenen Wasserpumpe und mechanischen Kunststoff-Kühlventilatoren. Die Kühlluft wird an den Kühler durch eine Zuleitung unterhalb der Kotflügel geführt.
Untersuchen Sie den Kühler und die Wasserpumpe auf Leckagen. Die Abflussleitung der Pumpe tropft, wenn sich ihre Dichtung in einen schlechten Zustand befindet.
Überprüfen Sie die Lager der Wasserpumpe, indem Sie ihre Antriebsscheibe (bei abgestelltem Motor) hin und herbewegen, um so ein mögliches Spiel im Lager festzustellen.
Nun untersuchen Sie den Zustand der Schläuche. Befinden sich Risse an den Befestigungsklammern? Die Schläuche sollten sich steif, aber dennoch nachgiebig anfühlen. Ein harter Schlauch wird wahrscheinlich reißen, und ein zu weicher und schwammiger Schlauch ist ein Zeichen für Öl im Kühlkreislauf.

Lassen Sie den Wagen mindestens 20 Minuten im Leerlauf laufen, um den Zustand des Kühlsystems zu analysieren. Überhitzen lässt sich beseitigen, indem man einen verstopften Kühler oder einen defekten Thermostat beziehungsweise die Wasserpumpe austauscht. Außerdem kann auch ein gebrochener Kühlventilator oder auch nur eine defekte Kühlerklappe dafür verantwortlich sein. Allerdings kann Überhitzen auch durch interne Motorprobleme verursacht werden und zu schwerwiegenden Schäden wie einem gerissenen Motorblock, durchgebrannter Kopfdichtung oder einem defekten Zylinderkopf führen. Im Zweifel wendet man sich am besten an einen Spezialisten für eine intensivere Untersuchung.

Hydraulik

++	+	o	–
4	3	2	1

Allgemein

Zunächst kontrolliert man die Farbe der Flüssigkeit am Schaurohr des Behälters. Handelt es sich um eines der frühen Modelle, sollte die Flüssigkeit durchsichtig sein und einen leicht rötlichen Ton aufweisen. Mit zunehmendem Alter oder wenn sie mit Wasser in Kontakt kommt, wird sie dunkel und milchig. Die später eingesetzte LHM-Flüssigkeit (von 1967 an in Europa und nach Mitte 1969 bei den US-Modellen) sollte eine hellgrüne Tönung besitzen. Im Laufe der Jahre wird die Flüssigkeit dunkler. Eine bräunliche oder dunkle Färbung könnte durch ein stark verschmutztes Hydrauliksystem oder verunreinigte Flüssigkeit verursacht werden. Entfernen Sie den Filter aus dem Behälter (er befindet sich am Ende des Ansaugschlauchs der Hydraulikpumpe) und suchen Sie nach Schmutz und Metallresten. Starten Sie den Motor und wählen Sie die höchste Stellung während der Wagen im Leerlauf läuft. Untersuchen Sie den Unterwagen auf austretende Hydraulikflüssigkeit. Legen Sie sich besser nicht unter den Wagen, schließlich kennen Sie seinen Zustand nicht. Benutzen Sie ihre Taschenlampe und kontrollieren Sie die hintere Federung und den Antriebsstrang. Achten Sie auf große feuchte Stellen und tropfende Flüssigkeit.

Einige Leckagen zeigen sich erst, wenn der Wagen wieder abgesenkt wird (die Flüssigkeit wird dann in den Behälter zurückgepumpt). Um dies zu ermitteln, wählt man die normale Fahrstellung während des Leerlaufs. Achten Sie nun auf plötzliche Tropfenbildung am hinteren Teil des vorderen Radlaufs und an den hinteren Rädern. Es ist nicht ungewöhnlich, dass die Rücklaufschläuche undicht werden. Daher ist es nicht unwahrscheinlich, dass Sie ein derartiges Exemplar besichtigen werden, doch diese Schläuche sind relativ leicht zu ersetzen. Allerdings muss man beim Austausch der vorderen Schläuche die Kotflügel entfernen.

Achten Sie auf die Reaktionszeit der Hydraulikpumpe, während der Wagen weiter im Leerlauf in seiner „normalen Bodenfreiheit" läuft. Beachten Sie vor allem das Klicken des Hydraulikventils, wenn es sich öffnet oder schließt. Das Klicken zeigt, dass das Hydrauliksystem seinen maximalen Druck erreicht hat und dass die komprimierte Flüssigkeit wieder in den Behälter zurück gepumpt wird. Ein weiteres Klicken zeigt an, dass der Druck geringer geworden ist, und dass die Pumpe wieder aktiv wird. Ein langer Zeitraum zwischen den Pumpzyklen (20 Sekunden oder mehr ist akzeptabel) ist ein Zeichen für ein dichtes Hydrauliksystem, während kürzere Abstände ein Indiz für Probleme innerhalb des Systems sind.

Stellen Sie nun den Motor ab, ohne sich in den Wagen zu setzen (und so den Niveauausgleich zu aktivieren) und achten Sie darauf, ob der Wagen seine Stellung beibehält. Ein gut gepflegtes System sollte in der Lage sein, den Druck noch einige Stunden aufrecht zu halten. Daher zeigt ein schnelles Absenken der Karosserie, dass ein Fehler in der Hydraulik vorliegt. Behält der Wagen seine Fahrstellung bei, sollte man den Niveauausgleich testen, indem man einen Frontkotflügel bei abgestelltem Motor nach unten drückt. Der Wagen sollte daraufhin seine alte Stellung wieder einnehmen. Mehrere erfolgreiche Versuche dieser Art sind ein Zeichen für ein dichtes Hydrauliksystem. Ist dies nicht der Fall, kann dies an defekten Dichtungen der Federzylinder liegen, was eine kostspielige Reparatur nach sich zieht.

++ + o –

Hydraulikpumpe [4] [3] [2] [1]

Untersuchen Sie die Pumpe auf mögliche Leckagen, vor allem unter der Umlenkrolle. Am besten fühlt man in diesem Bereich nach Feuchtigkeit. Bei laufendem Motor senkt man den Wagen auf die niedrigste Einstellung ab (achten Sie auf das zischende Geräusch, wenn der Druck abgebaut wird), um ihn dann auf die höchstmögliche Stellung anzuheben. Geschieht dies zügig (ungefähr 45 Sekunden)? Oder benötigt das System viel Zeit, um den Druck wieder aufzubauen? Machte das System bei der allgemeinen Prüfung einen guten Eindruck, dann ist eine zu lange Reaktionszeit ein Zeichen für eine verschlissene Pumpe. Die Pumpe benutzt einen Alukolben, der Risse entwickeln kann. Oft kommt es dann zu Problemen beim Druckaufbau. Die Pumpe kann neu aufgebaut werden, doch sollte man sich dafür an einen Spezialbetrieb wenden.

Ein genauer Blick zeigt einen gerissenen Schlauch an dieser Hydraulikpumpe.

++ + o –

Druckregler und Speicher [4] [3] [2] [1]

Der Druckregler sowie der Hauptspeicher befinden sich an der Seite des Motors unterhalb des Einlasskrümmers. Bei den Einspritzmodellen mit Citromatic wurde er links vor dem Getriebe platziert. Der Druckregler ist im Prinzip das Ventil, welches den Druck für das Hydrauliksystem reguliert. Im Hauptspeicher wird der Hydraulikdruck gespeichert. Zusammen sind die beiden Einrichtungen ziemlich narrensicher und versagen eher bei Leckagen (entweder als Flüssigkeit oder Gas) als bei mechanischen Problemen. Die meisten der älteren Alu-LHS2-Regler, die mitunter Risse aufweisen, sind bereits ausgetauscht worden, sodass dieser Bereich frei von Problemen sein sollte, es sei denn, dass ein Ventil oder eine Dichtung Schwierigkeiten bereitet. Bei dem mit Gas befüllten Speicher sieht es schon anders aus. Im Laufe von fünf bis sechs Jahren kann er an Druck verlieren, was sich einem Verlust an Reaktionszeit und einer plötzlich schwergängigen Lenkung zeigt. Daher muss man (mit der Taschenlampe) den Schlauch zum Speicher untersuchen, der wegen der ständigen Belastung undicht werden kann. Untersuchen Sie zum Schluss die Hochdruckleitung zwischen Hydraulikpumpe und -regler. Sie muss im Zentrum des Gehäuses und am Regler befestigt sein. Jede Nachlässigkeit in diesem Bereich führt irgendwann zum Bruch der Leitung.

++	+	o	–
4	3	2	1

Aufhängung

Die Federkugeln sind leicht zu überprüfen und gegebenenfalls auszutauschen. Lassen Sie den Motor im Leerlauf laufen und drücken Sie den Wagen an jedem Kotflügel nach unten. Die Federung sollte einige cm nachgeben und sich dann in die Ausgangshöhe zurück begeben. Eine steife Federung ist ein Zeichen für ausgediente Kugeln, die so schnell wie möglich ausgetauscht werden müssen. Verschlissene Kugeln verhärten die Federung und geben jede Unebenheit in der Straße ungefiltert weiter, was wiederum zu Rissen im Fahrwerk führen kann. Glücklicherweise lassen sich die vorderen Kugeln innerhalb weniger Minuten austauschen. Im Heck dauert die Reparatur nur wenig länger.

Der Druckspeicher und -regler befindet sich normalerweise unterhalb des Einlasskrümmers. Bei den Einspritzmodellen liegt er vor dem Getriebe.

Wenn Sie in der Heckfederung ein knackendes Geräusch hören, sobald sich Wagen hebt oder senkt, kann dies an einer verschlissenen Aufnahme der Kugeln liegen. Der Austausch ist nicht teuer, sollte aber so schnell wie möglich vorgenommen werden, um weitere Schäden zu verhindern.

++	+	o	–
4	3	2	1

Lenkung

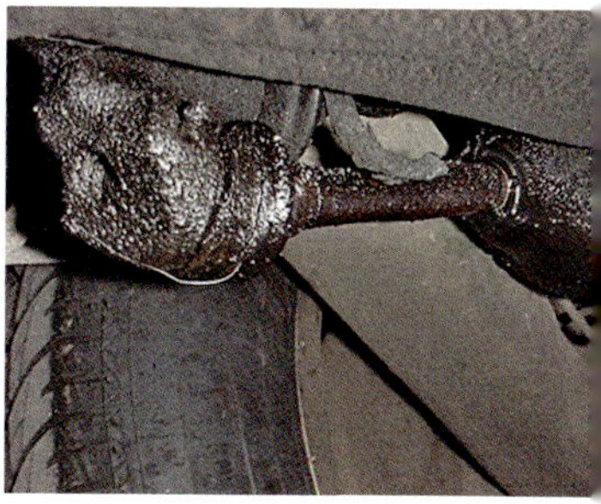

Eine undichte Schutzkappe – ein gängiges Problem bei den D-Modellen.

Die meisten Modelle sind mit der Hydraulik unterstützten Zahnstangenlenkung ausgerüstet. Einige ID- und D-Spécial-Modelle besitzen eine nicht unterstützte Lenkung. Die manuelle Lenkung ist zwar so gut wie problemfrei, verlangt aber beim Rangieren bei geringen Geschwindigkeiten fast übermenschliche Kräfte. Auf der anderen Seite verlangt die Hydrauliklenkung etwas mehr Wartungsaufwand, ist dafür aber äußerst leichtgängig. Untersuchen Sie Gelenkbolzen auf Risse und die Zahnstange auf sichtbare Leckagen. Überprüfen Sie nun die Lenkung auf internen Druckverlust im Arbeitskolben, indem Sie das Lenkrad scharf nach links oder rechts drehen. Ein Anstieg der Reaktionszeit zeigt Verschleiß im Kolben oder der Abdichtung an. Ein beständiges Zischen in der Lenksäule ist ein Hinweis auf verschlissene Kolben beziehungsweise -dichtungen. Ein „zwingendes Gefühl" bei Kurvenfahrten kann seine Ursache in einer falsch ausgerichteten oder nicht korrekt montierten Zahnstange haben. Eine plötzlich schwergängige Lenkung weist auf einen nicht mehr einwandfrei arbeitenden Hauptspeicher hin.

++ + o –

[4] [3] [2] [1]

Hydraulikleitungen und Schläuche

Die Leitungen und Schläuche sind die Schlagadern des Hydrauliksystems. Ein Leck in einem Teil kann im Laufe der Zeit jedes hydraulische Element beeinflussen. Ein geringer Flüssigkeitsstand führt zu Druckverlust, was wiederum den Verlust der Bremskraft sowie der Federung und bei Modellen mit hydraulisch unterstützter Lenkung eine schwergängige Lenkung zur Folge hat.

Untersuchen Sie den Zustand der Stahlleitungen. Die Exemplare im unteren Teil des Motorraums, an den linken Radläufen und entlang des linken Schwellers sind am ehesten von Rostbefall betroffen. Bringen Sie den Wagen in die höchste Stellung und benutzen Sie die Taschenlampe, um den Bereich vor dem linken Hinterrad genau unter die Lupe zu nehmen. Ein ganzes Bündel von Hydraulikleitungen ist hier den Elementen ausgesetzt und sie sind somit die ersten, die rosten können.

Untersuchen Sie nun die erreichbaren Schläuche. Sie sollten nicht hart oder zu weich sein. Harte Schläuche können reißen, während weiche Exemplare entweder ein Zeichen für fehlerhaftes Material oder kontaminierte Flüssigkeit sind.

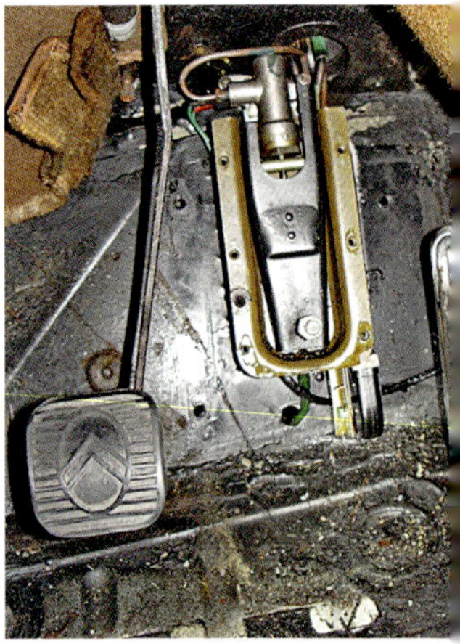

Eine undichte Schutzkappe des Bremsventils verschmutzt die vordere Bodenmatte mit Hydraulikflüssigkeit.

++ + o –

[4] [3] [2] [1]

Bremsen

Die Bremsen bei den D-Modellen (vorne Scheiben, hinten Trommeln) besitzen eine hydraulische Unterstützung. Nachdem man sich an sie gewöhnt hat, will man keine andere Art der Verzögerung mehr genießen. Heben Sie die vordere Matte an, um Leckagen zu ermitteln. Ein öliger Teppichboden ist ein Zeichen für ein undichtes Ventil.

Die Sättel der Feststellbremse liegen unterhalb der Lenkung und sind schwer zu erreichen.

++ + o –

[4] [3] [2] [1]

Bremsen vorne

Die Frontbremsen sind innenliegend montiert, doch obwohl der Austausch der Beläge relativ einfach ist, kostet der Austausch der Bremsscheiben einen ganzen Tag. Ungleich abgenutzte Beläge sind ein Hinweis auf blockierte Kolben. Gehen Sie mit ihrem Finger über die Kante der Bremsscheibe. Dort sollten sich keine Unebenheiten oder Einkerbungen befinden. Testen Sie die auf die Vorderräder wirkende Feststellbremse – packt sie fest zu? Ist die Bremse wirkungslos und die Feststellbremse kann nicht nachgestellt werden, müssen die Beläge ausgetauscht werden. Das kann sechs bis acht Stunden in Anspruch nehmen.

Diese Sättel der Frontbremse besitzen so gut wie neue Beläge und zeigen keine undichten Stellen.

++ + o –

[4] [3] [2] [1]

Bremsen hinten

Die Trommelbremsen im Heck werden nicht übermäßig beansprucht, weil 80 Prozent der Bremsleistung von den vorderen Scheibenbremsen übernommen wird. Dennoch verschleißen auch diese Beläge und müssen beim Austausch mit einem speziellen Werkzeug zentriert werden.

Untersuchen Sie auch die Radbremszylinder auf ihren Zustand. Undichte Exemplare lassen sich leicht anhand der Flüssigkeitsspuren an den Innenseiten der Reifen erkennen. Das gilt vor allem für LHS2-Wagen.

Vergaser und Einspritzung

++ + o –
[4] [3] [2] [1]

Bei den Vergaser-Versionen der D-Modelle befindet sich entweder ein einfacher Solex-Vergaser (bei allen ID, einschließlich D Spécial) unter der Haube, oder ein Weber- beziehungsweise Solex-Doppelvergaser sorgt für die Gemischaufbereitung. Das Benzin wird dabei von einer durch Nocken angetriebenen mechanischen Benzinpumpe gefördert, die sich auf der linken Seite des Motors befindet. Alle Modelle verfügen über einen 63 Liter fassenden Benzintank, der direkt unter der Sitzbank im Fond platziert ist. Die Vergaser-Versionen sind im allgemeinen sehr zuverlässig. Allerdings sollten Tank und/oder Vergaser gereinigt werden, wenn der Wagen über einen längeren Zeitraum gestanden hat. Ein Austausch des Vergasers ist immer dann notwendig, wenn die Drosselklappe ausgeschlagen ist und zu viel Spiel aufweist.

Die Flüssigkeit auf der Innenseite dieses Hinterrads stammt von einem undichten Bremszylinder.

Die später präsentierten DS-Modelle mit elektronischer Einspritzung (EFi) besaßen rechts im Heck platzierte elektrische Spritpumpen. Auch sie gelten im allgemeinen als zuverlässig – so lange sie entsprechend gewartet werden. Untersuchen Sie die Leitungen, Schläuche und elektrischen Verbindungen auf ihren Zustand. Eine gebrochene Benzinleitung im Motorraum kann zu einem spektakulären Brand führen. Einige Teile der Einspritzung sind schwer zu beschaffen und haben ihren Preis.

Dieser verschlissene Federblock der Vergaserwelle wirkt sich negativ auf das Gaspedal aus und kann die Hauptwelle des Vergasers beschädigen.

Zündung und Elektrik

++ + o –
[4] [3] [2] [1]

Verschiedene Hersteller lieferten die Zündsysteme für die D-Modelle – darunter SEV Marchal und Ducellier für die Vergaser-Versionen und Bosch für die späteren Einspritzer. Die Verteiler hatten für die verschiedenen Modelle individuelle Zündwinkel und Steuerzeiten, sind aber dennoch innerhalb der Modellfamilie austauschbar. Daher ist es nicht ungewöhnlich, einen ID-Verteiler in einem DS-Motorraum zu finden. Das Zündsystem der D-Modelle ist einfach, wenn auch veraltet, und wenn der Wagen einigermaßen läuft, benötigt man oft nur geringe Einstellungsänderungen. Den Verteiler auf elektronische Zündung umzurüsten, ist nicht ungewöhnlich, sodass man diese Aufrüstung so schnell wie möglich vornehmen sollte, um sich künftige Wartungsarbeiten zu ersparen.

Untersuchen Sie die Verkabelung auf Risse und blanke Stellen. Die zwischen 1966 und 1969 gebauten Modelle leiden unter einer mangelhaften Isolierung der Kabel und sind mitunter eine bunte Zusammenstellung verschiedener Kabel. Unglücklicherweise wurden die Kabel zumeist unter der Armaturentafel nicht entsprechend repariert, sodass sie mitunter Brände verursachen können. Für diese

Dieses Durcheinander ist das Ergebnis einer schlampigen Reparatur. Glücklicherweise gibt es neue Kabelbäume.

Modelle gibt es zum Glück inzwischen neue Kabelbäume, die allerdings ihren Preis haben. Ein Spezialist benötigt rund 20 Stunden, um einen neuen Kabelsatz zu montieren.
Kontrollieren Sie die Funktion aller Schalter und der gesamten elektrischen Anlage. Einige Teile wie zum Beispiel der nach 1970 montierte Blinkerhebel, der gleichzeitig auch die Hupe betätigt, sind so gut wie nicht mehr zu finden.

Bei den ersten Modellen mit Klimaanlage befand sich der Kondensator vor dem Kühler. Von 1972 an wurden die Kondensatoren hinter den Kotflügeln mit Lüftungsschlitzen montiert, um ein Überhitzen des Motors zu verhindern.

++	+	o	–
4	3	2	1

Batterie und Lichtmaschine

Vom Oktober 1967 an besaßen die D-Modelle eine Drehstromlichtmaschine mit einem externen Spannungsregler. Die ersten Modelle nutzten noch eine Wechselstromlichtmaschine, die allerdings bei den meisten Fahrzeugen im Laufe der Zeit gegen die leistungsstärkere, kleinere und modernere Lichtmaschine ausgetauscht wurde. Achten Sie auf Geräusche der Lager und untersuchen Sie zudem die Batterie auf Anzeichen von Überladungen (weiße Rückstände auf und niedriger Säurestand in der Batterie). Sollte es Anzeichen für ein Überladungsproblem geben, kann man sich damit trösten, dass es inzwischen elektronische Gerätschaften gibt, die den problematischen mechanischen Regler ablösen können. Am besten tauscht man die ursprüngliche Lichtmaschine gegen ein modernes Exemplar mit internem Regler aus.

Es existieren zwei Anlasser-Konfigurationen für die zwischen 1966 und 1975 gebauten Modelle, von denen es wiederum jeweils zahlreiche Varianten gibt. Die vor 1970 verwendete Lösung ist dabei nicht mit der in der Zeit danach verwendeten Technik kompatibel. Die beiden Hersteller der zuerst verwendeten Starter lieferten insgesamt zehn unterschiedliche Versionen, von denen einige Teile inzwischen schwer zu beschaffen sind. So wird der Neuaufbau eines solchen Anlassers zu einem kostspieligen Vergnügen. Das gilt nicht für die später montierten Starter. Unabhängig davon sollte man den Anlasser einige Male bedienen, um zu ermitteln, ob er zuverlässig und rund läuft. Bei einigen Modellen muss beim Austausch des Anlassers der Abgaskrümmer ausgebaut werden. Einige der später verwendeten Starter waren so kompakt, dass diese zeitaufwendige Übung entfällt.

++	+	o	–
4	3	2	1

Klimaanlage

Die meisten der vor 1972 montierten Klimaanlagen waren ziemlich nutzlos und führten ständig zur Überhitzung des Motors. Das Problem bei diesen Systemen bestand darin, dass der am Kühler montierte Kondensator den Luftfluss zu dem kaum ausreichenden Kühler behinderte. Die Halterung des Kompressors war eine Notlösung, und außerdem gab es keinen sekundären elektrischen Ventilator. Citroën löste das Problem 1972, indem man den Querstrom-Kühler der Einspritzanlage mit einem elektrischen Ventilator kombinierte, das Getriebegehäuse modifizierte, was wiederum eine vernünftige Halterung für den Kompressor ermöglichte und vor allem den Kondensator hinter die Lüftungsschlitze des Kotflügels verlegte.

Wenn der Wagen mit diesem System ausgerüstet ist, dann lohnen sich zwei Aufrüstungen: zum einen der Wechsel zu einem Drehkolbenkompressor anstelle des Kolbenkompressors und zum anderen eine Aufwertung des Kühlmittels von R12 auf R134A. Dabei müssen Trocknerflasche, Leitungen und Dichtungen getauscht werden.

Untersuchen Sie den Zustand der Kunststoffunterseite der Konsole, wie sie zumeist bei amerikanischen Modellen verbaut wurde. Sie schränkt die Fußfreiheit des Beifahrers ein, sodass sie im Laufe der Zeit durch „Körperkontakt" Risse bekommen haben kann. Ersatzteile sind schwer zu finden. Die letzten europäischen Modelle hatten eine praktischere Konsole zwischen Fahrer und Beifahrer.

++	+	o	–
4	3	2	1

Radlager und Achsen

Radlager sind im allgemeinen keine Problemzonen bei den D-Modellen. Sollten dennoch Geräusche aus diesem Bereich kommen, ist wahrscheinlich Wasser in die Lager eingedrungen.
Die Achsen halten mindestens so lange wie die Lager – zumindest im Vergleich zu anderen Fronttrieblern. Dennoch kann mangelnde Schmierung in Verbindung mit gerissenen Achsmanschetten ihre Lebensdauer deutlich verringern. Die Achsen werden bei der Probefahrt getestet.

++	+	o	–
4	3	2	1

Kugelkopfgelenke

Jede der vorderen Radnaben besitzt ein oberes und unteres Kugelkopfgelenk, damit sich die Nabe auf den Schwingarmen drehen kann. Das obere Gelenk wird nur wenig belastet und zeigt daher nur selten Verschleißerscheinungen. Das untere Gelenk jedoch verschleißt aber auch bei regelmäßiger Schmierung. Der Zustand der Gelenke wird bei der Probefahrt getestet.

++	+	o	–
4	3	2	1

Schwingarme vorne

Stellen Sie sich vor den Wagen und überprüfen Sie die Stellung der Reifen. Die Reifen besitzen keine Sturz- oder Nachlauf-Regulierung, sodass Räder, die einen ungewöhnlichen Winkel aufweisen, ein Zeichen für Aufhängungsprobleme sind. Die Schwingarme (vor allem die unteren) können sich bei Kollisionen mit Bordsteinen oder Schlaglöchern verbiegen. Die Neueinstellung kann, wenn überhaupt, nur von einem Citroën-Spezialisten vorgenommen werden. Ansonsten bleibt nur ihr kostspieliger Austausch.

Die Halterungen der Schwingarme sind aus Aluminium gefertigt, die wiederum mit dem Rahmen verbunden sind. Die Schweißnähte können unter Belastung (meistens sind schlechte Federzylinder die Ursache) Risse entwickeln, was sich mit deutlichen Vibrationen und „Flattern" bei hohen Geschwindigkeiten ankündigt. Die genaue Untersuchung und die kostspielige Reparatur ist Sache eines Spezialisten.

Untersuchen Sie die Stellung der Reifen. Seltsame Winkel lassen auf einen Aufhängungsschaden schließen. Jeff Meyers DS 21 aus dem Jahr 1972 steht sauber.

++	+	o	–
4	3	2	1

Motor

Der Vierzylinder (fünffach gelagert) der D-Modelle hat vollkommen zurecht einen guten Ruf. Laufleistungen von mehr als 300.000 Kilometern ohne größere Reparaturen sind keine Seltenheit. Doch wie alle anderen Motoren, hat auch der D-Motor nur eine Chance, wenn er regelmäßig gewartet wird. Achten Sie, wenn der Motor noch kalt ist (bevor sich der Öldruck aufgebaut hat) auf ungewöhnliche Geräusche des Pleueltriebs und wiederholen Sie die Prozedur wenn der Motor warm und das Öl dünner ist. Untersuchen Sie den Alu-Zylinderkopf auf undichte Stellen an der Verbindung zum Block. Dies könnte ein Zeichen für eine Verformung sein. Suchen Sie unterhalb des Abgaskrümmers nach Indizien für Überhitzung oder Frostschäden. Achten Sie

Unter einem Blech im vorderen Radkasten befindet sich die Frontaufhängung. Die Schutzmanschette ist immer wieder ein Grund für Leckagen.

auch auf Spuren von Rost und Kühlflüssigkeit am Block. Flackert die Ölkontrollleuchte im Leerlauf? Die Ursache könnte ein defekter Öldruckschalter sein, doch wahrscheinlich ist es ein Zeichen für niedrigen Öldruck, was durch Probleme mit der Ölpumpe verursacht wird. Achtung: Der Ölfilter befindet sich direkt in der Ölpumpe, sodass auch ein verstopfter oder falsch montierter Filter für den Druckverlust verantwortlich sein kann.

Entfernen und untersuchen Sie den Öleinfüllverschluss. Das Öl im Verschluss darf dunkel aber nicht klebrig sein. Ein weißer Film ist ein Zeichen für Wasser im Öl, was wiederum Schäden an Teilen des Motors verursacht haben kann.
Kontrollieren Sie den Ölstand, indem Sie den Ölmessstab herausziehen. Ist der Ölstand außerordentlich hoch? Ist dies der Fall, besteht die Möglichkeit, dass sich Benzin mit dem Öl vermischt hat. Das Öl verliert dann seine Schmierfähigkeit, was unter anderem die Kurbelwellenlager in Mitleidenschaft zieht. Am Ende, wenn der Zustand nicht verändert wird, kann das zu einem massiven Motorschaden führen. Riechen Sie am Ölmessstab, um so Benzinreste aufzuspüren.

Lösen Sie die drei Klammern des Luftfilters, um zu überprüfen, ob sich Öl im Gehäuse befindet. Ist das der Fall, dann wird das Öl durch übermäßigen Druck, verursacht durch schadhafte Kolbenringe, in den Filter hinein gedrückt. Blauer Rauch aus dem Endrohr bestätigt diese Diagnose.

Die Verunreinigung durch Wasser in dieser Ventilabdeckung lässt sich meistens durch eine Untersuchung der Ölkappe feststellen.

Achten Sie auf Ventilgeräusche. Die Ventile lassen sich zwar leicht einstellen, doch eine übermäßige Geräuschentwicklung könnte ihre Ursache in eingelaufenen Nockenwellen oder Stößeln haben.

Bitten Sie um das Serviceheft des Wagens, um so festzustellen, ob in naher Zukunft ein Austausch der Steuerkette fällig wird. Bei der ID 19 (1911 ccm) kann die Kette durchaus 240.000 Kilometer halten, doch je größer der Motor, desto geringer ihre Lebenserwartung. Bei der DS 23 oder den Modellen mit Klimaanlage wird der Wechsel bereits nach 160.000 bis 180.000 Kilometern fällig. Eine besonders verschlissene Kette kann man nur mit einem Griff an die Riemenscheibe feststellen. Ansonsten gibt es keine Möglichkeit der Überprüfung. Für den Austausch muss die gesamte Antriebseinheit ausgebaut werden: 14 Stunden bei der ID und 22 Stunden bei einer DS Citromatic ie müssen an Arbeitszeit einkalkuliert werden.

++	+	o	–
4	3	2	1

Kompression

Um die Kompression der einzelnen Zylinder zuverlässig beurteilen zu können, wird ein spezielles Testgerät benötigt. Nachdem der Motor warmgefahren ist, beispielsweise nach einer Probefahrt, müssen alle Kerzen rausgeschraubt werden. Anlasser und Batterie sollten sich in gutem Zustand befinden. Bei den Versionen mit elektrischer Benzinpumpe empfiehlt es sich zudem, vorher die Sicherung zu ent-

Die Steuerkette kann nur ausgetauscht werden, wenn der Motor ausgebaut wird.

Diese Kette ist fast vollkommen verschlissen, was die Untersuchung des Spanners zeigt. Die Kette lässt sich nur schwer überprüfen, so lange sich der Motor im Wagen befindet.

Diese ausgeschlagene Motorhalterung kann eine starke Geräuschentwicklung verursachen.

fernen, sodass kein Sprit gefördert wird. Dann kommt das Prüfgerät in das erste Kerzenloch. Während das Prüfgerät fest im Kerzenloch verankert ist, versucht ein Helfer den Motor zu starten. 5 bis 10 Umdrehungen reichen meist aus, um ein aussagekräftiges Ergebnis zu bekommen. Unterschiede bis zu 2 bar zwischen den Zylindern sind akzeptabel, mehr sollten es allerdings nicht sein. Für eine Beurteilung der Kolbenringe kann man ein wenig Öl in den Zylinder geben und den Test wiederholen. Erhöht sich der Druck dann signifikant, sind wahrscheinlich die Kolbenringe verschlissen.

++ + o –

Rauchentwicklung 4 3 2 1

Weißer Qualm aus dem Auspuff ist ein Zeichen für Wasser, das durch Kondensation im Auspuff entstanden sein kann. Hat er sich nach fünf bis zehn Minuten nicht verflüchtigt, kann auch eine defekte Kopfdichtung oder Aluminium-Korrosion im Zylinderkopf selbst vorliegen. Schwarzer Rauch ist ein Indiz für ein zu fettes Gemisch, bei dem meist ein Problem mit der Gemischaufbereitung vorliegt. Blauer Qualm bedeutet, dass Öl in den Verbrennungsraum gelangt, was wahrscheinlich an verschlissenen Kolbenringen oder undichten Ventilschaftabdichtungen liegt.

++ + o –

Motorhalterungen 4 3 2 1

Die mit Metall eingefassten Gummi-Motorhalterungen befinden sich bei den D-Modellen unter dem Abgas- und Einlasskrümmer. Die Halterungen auf der Auslassseite sind wegen der starken Hitzeentwicklung anfälliger. Auf dieser Seite kann man unter die Befestigungsklammer greifen und so feststellen, ob der Gummi noch vorhanden ist. Ist das nicht der Fall, lagert der Motor nur noch auf der Metalleinfassung. Auf der Einlassseite ist die Überprüfung etwas komplizierter, doch mit einer Taschenlampe kann man die Befestigung in Augenschein nehmen und mit der anderen Seite vergleichen. Defekte Befestigungen machen sich durch Motorvibrationen oder, wenn sie vollkommen verschwunden sind, mit einem lauten Poltern beim Beschleunigen bemerkbar.

++ + o –

Getriebe 4 3 2 1

Die D-Modelle besaßen entweder Viergang- oder Fünfganggetriebe, wobei die Fünfgang-Variante auch als „Overdrive 5" oder „eng übersetzte 5" angeboten wurde. Die Variante „Overdrive 5", später bei der DS 21 sowie der DS 23 und auch im SM eingesetzt, benutzt einen länger übersetzten fünften Gang, während die Variante „eng übersetzte 5" einen fünften Gang aufweist, der fast dem vierten Gang in der Viergangschaltung entspricht. Wie der Motor ist auch das Getriebe ziemlich robust. Allerdings können schlechte Schaltgewohnheiten zu Schäden an der Synchronisierung führen, und hohe Laufleistungen lassen die Getriebelager verschleißen. Reparaturen

Die kompakte Einheit aus Getriebe, Differenzial, Bremsscheiben und -sättel sowie der Hydraulik bei einer DS 23 Citromatic.

Der Fliehkraftregler ist eines der wichtigsten Teile der Citromatic. Untersuchen Sie die Lager und Halterungen auf Spiel.

Der Austausch der Kupplung kostet viel Zeit – vor allem bei den Modellen mit Klimaanlage und Citromatic.

sind kostspielig, sodass die wirtschaftlichere Lösung der Kauf eines gebrauchten Getriebes mit geringerer Laufleistung ist.

	++	+	o	–
Citromatic	4	3	2	1

Die Viergang-Citromatic-Schaltung ist zuverlässiger als viele Kritiker meinen. Probleme haben ihre Ursache eher in einer mangelhaften Abstimmung als in mechanischen Defiziten. Einige Einstellungen müssen sehr genau und in einer ganz bestimmten Abfolge vorgenommen werden, damit das System korrekt arbeiten kann.

Untersuchen Sie den Fliehkraftregler, der sich über der Hydraulikpumpe befindet, auf Leckagen und ausgeschlagene Lagerbuchsen.

Ein eher seltenes Problem bei der Citromatic ist der Verlust von Hydraulikflüssigkeit durch die Abdeckung des Getriebes, in der sich eine ganze Reihe von Kolben und Dichtungen befinden, die versagen können, sodass Flüssigkeit in die Schaltung eindringen kann. Ein sicheres Zeichen dafür ist Flüssigkeitsverlust, für den es keinen offensichtlichen Grund gibt. Das lässt sich nur überprüfen, indem man das Getriebe selbst auf übermäßig viel verdünntes Öl überprüft.

	++	+	o	–
Automatik	4	3	2	1

Es ist unwahrscheinlich, dass man ein derartiges Modell zu Gesicht bekommt, weil davon nur wenige Exemplare produziert wurden. Bei der Schaltung handelt es sich um ein modifiziertes Borg-Warner-Getriebe (T35), das bei entsprechender Wartung recht zuverlässig ist. Allerdings lässt sich die Automatik selbst von Spezialisten nur schwer wieder aufbauen. Sollten Sie in diesem Bereich also Schwachstellen feststellen, ist es vernünftig, sich den Kauf gründlich zu überlegen.

ATF-Öl im Differenzial (der Messstab befindet sich zwischen Getriebe und Motor) weist auf eine undichte Dichtung an der Ritzelwelle hin. Ein geringer Druck in der Getriebeölpumpe verursacht ein Schütteln im Rückwärtsgang. Überprüfen Sie, ob die ATF-Flüssigkeit rot und klar ist und riechen Sie am Messstab (er befindet sich hinter den Kühlventilatoren). Ein brennender Geruch ist ein Zeichen für verbrannte oder rutschende Reibungsplatten.

	++	+	o	–
Kupplung	4	3	2	1

Überprüfen Sie die Einstellung der Kupplungsausrückgabel. Wenn sie ungefähr die Hälfte des Einstellungsstabes erreicht hat, befindet sie sich am Ende ihre Lebensdauer. Ein Austausch der Kupplung dauert bei den einfacheren ID-Modellen zwölf und bei den Citromatic-Versionen mit Klimaanlage rund 18 Stunden. Während der Probefahrt stellen Sie fest, ob die Kupplung rutscht.

Probefahrt

Achten Sie darauf, ob die Pleuel beim Starten und später, wenn der Motor warm ist, Geräusche entwickeln. Blicken Sie in den Rückspiegel und achten Sie darauf, ob beim Beschleunigen und Verzögern Rauchwolken entstehen. Vibrationen oder Rumpeln beim Beschleunigen sind ein Zeichen für ausgeschlagene Halterungen. Lässt sich der Wagen ohne Unterbrechungen zügig beschleunigen?

++	+	o	–
4	3	2	1

Getriebe

Achten Sie darauf, ob die Lager Geräusche entwickeln. Untersuchen Sie zudem den Zustand der Synchronringe des zweiten und dritten Gangs, indem Sie während der Probefahrt bei 2000 Umdrehungen in diese Gänge runterschalten. Ein knirschendes Geräusch beim Herunterschalten ist ein Zeichen für verschlissene Synchronringe. Die Reparatur ist kostspielig und verlangt nach einem Spezialisten.

++	+	o	–
4	3	2	1

Citromatic-Schaltung

Die Gänge sollten sich problemlos schalten lassen. Ein verzögertes oder abruptes Schalten bedeutet wahrscheinlich lediglich eine Neueinstellung. Ansteigende Drehzahlen ohne eine entsprechende Reaktion ist ein Zeichen für ein Kupplungsproblem. In den Rückwärtsgang darf nur bei absolutem Stillstand geschaltet werden, weil ansonsten katastrophale Schäden die Folge sein können.

++	+	o	–
4	3	2	1

Kupplung

Die Kupplung sollte bei ungefähr halbem Pedalweg ohne Rucken zugreifen. Versuchen Sie bergauf zu starten. Wenn die Drehzahlen steigen, ohne dass sich der Wagen bewegt, ist dies ein sicheres Zeichen für eine verschlissene Kupplung. Kontrollieren Sie ihren Zustand, indem Sie im vierten Gang beschleunigen. Steigt nur die Drehzahl, liegt dies an einer abgenutzten Kupplungsscheibe.

++	+	o	–
4	3	2	1

Bremsen

Die Bremse verlangt nur einen minimalen Druck. Ein Zögern beim ersten Bremsversuch liegt wahrscheinlich an einem leeren Bremskraftverstärker. Tritt dies länger auf, kommt als Ursache Luft im Bremssystem oder ein festgegangener Kolben im Bremssattel in Frage. Dieser Defekt verursacht zudem, dass der Wagen beim Bremsen stark einseitig zieht. Zieht er nach rechts, liegt der Fehler auf der linken Seite und umgekehrt. Ein seltsames pulsierende Gefühl beim Bremsen entsteht meist durch verschlissene oder verzogene Bremsscheiben.

++	+	o	–
4	3	2	1

Federung

Die hydraulische Federung sollte bei Geschwindigkeiten von mehr als 50 km/h selbst mit größeren Unebenheiten keine Probleme haben. Reagiert der Wagen bei geringerer Geschwindigkeit besonders stark, müssen die Gasdruckbehälter ausgetauscht werden. Beginnen Sie den Test bei geringeren Geschwindigkeiten.

Falls möglich, sollten Sie den Wagen auch auf der Autobahn testen. Ein starkes Schwanken bei höheren Geschwindigkeiten ist ein Hinweis auf einen Aufhängungsschaden und verlangt eine gründliche Untersuchung, weil die Reparaturen in diesem Bereich extrem kostspielig sind.

++	+	o	–
4	3	2	1

Lenkung

Überprüfen Sie bei langsamer Geschwindigkeit die Lenkung auf Leckagen, indem Sie das Lenkrad scharf nach links oder rechts bewegen. Eine Zunahme der Reaktionszeit ist ein Zeichen für Verschleiß im Lenkkolben oder bei den Dichtungen. Eine plötzlich schwergängige Lenkung oder Verlust der hydraulischen Unterstützung werden wahrscheinlich von einem schlechten Hauptregler verursacht.

++ + o –

Achsen

4 3 2 1

Um die Gelenke zu überprüfen, lenkt man bei geringer Geschwindigkeit scharf nach links und rechts und achtet dabei auf knackende Geräusche, die entweder auf abgenutzte Gelenke oder Gehäuse hinweisen. Gute gebrauchte Achsen und Gehäuse gibt es auf dem Markt. Sie sind aber nicht preiswert, sodass man bei einem derartigen Schaden den Preis deutlich nach unten handeln sollte.

++ + o –

Kugelgelenke

4 3 2 1

Um die Kugelgelenke zu überprüfen, fahren Sie den Wagen langsam durch ein Schlagloch oder über einen Bodenwelle. Ein verschlissenes Kugelgelenk macht sich mit einem deutlich vernehmbaren Geräusch bemerkbar, das bei steigendem Verschleiß immer lauter wird. Besonders abgenutzte Gelenke verabschieden sich auch schon einmal von der Nabe. Ein Austausch ist dann unabdingbar.

++ + o –

Klappern und Windgeräusche

4 3 2 1

Achten Sie auf Klappern und Windgeräusche. Klappern in der Tür wird wahrscheinlich durch einen verschlissenen Fensterrahmen oder -heber verursacht. Sie kommen auch für Windgeräusche an den Türen in Frage. Es könnte aber auch an einer schlecht eingestellten Tür liegen. Windgeräusche aus dem unteren Bereich der Türen sollten eine weitere Untersuchung der Schweller zur Folge haben. Möglicherweise verursacht ein früherer Seitenaufprall Abdichtungsprobleme. Windgeräusche im Bereich der Windschutzscheibe und der Armaturentafel werden meistens durch eine schlecht montierte Windschutzscheibe verursacht. Allerdings lohnt sich ein Blick auf den Rahmen der Windschutzscheibe, um Rost an dieser Stelle auszuschließen.

Bewertung

Addieren Sie nun alle Punkte:

266 = hervorragend, möglicher Concours-Wagen
207 = gut
138 = Durchschnitt
69 = schlecht

Modelle mit mehr als 196 Punkten sollten alltagstauglich sein und benötigen lediglich die normale Wartung und Pflege, um diesen Zustand beizubehalten. Modelle zwischen 141 und 195 Punkten verlangen nach einer genauen Übersicht über die notwendigen Arbeiten und ihre Kosten, um zu einem abschließenden Urteil zu gelangen. Exemplare zwischen 69 und 140 Punkten sind Kandidaten für eine vollständige Restaurierung.

10 Auktionen - Ein anderer Weg zum Traumwagen

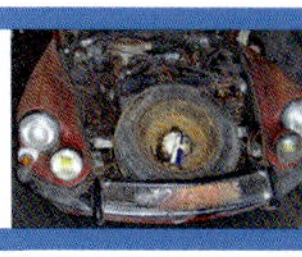

Pro und Kontra

Pro: Die Preise sind im Allgemeinen niedriger als bei Händlern oder privaten Verkäufern und man kann möglicherweise ein echtes Schnäppchen machen. Professionelle Versteigerer haben zumeist alle Formalitäten mit dem Verkäufer erledigt.

Kontra: Man muss allein der Beschreibung im Katalog vertrauen. Die Möglichkeiten zur Überprüfung sind begrenzt und eine Probefahrt ist nicht möglich. Auktionsmodelle sind oft in einem unterdurchschnittlichen Zustand und verlangen nach zusätzlichen Reparaturen.

Welche Auktion?

Die Veranstaltungen der etablierten Auktionshäuser werden in Automobilmagazinen oder auf den Internetseiten der Unternehmen angekündigt. Der Katalog oder eine einfache Aufstellung der zum Aufruf kommenden Modelle ist erst kurz vor der Auktion erhältlich. Allerdings veröffentlichen die Unternehmen ihre Angebote auch schon früher auf ihren Internetseiten. Nehmen Sie Kontakt mit dem Auktionshaus auf, um die Ausrufpreise zu erfahren. Details der bereits gelaufenen Auktionen sind zumeist im Netz zu erfahren und ein guter Indikator.

Katalog, Eintrittsgelder und Zahlungsmodalitäten

Der Katalog fungiert oftmals auch als Eintrittskarte für zwei Personen während der Besichtigungstage und für die Auktion selbst. Die Angaben in den Katalogen sind zumeist kurz und knapp, enthalten aber in der Regel Angaben über die Zahl der Besitzer, den Kilometerstand und die Wartungsgeschichte des Wagens. Der angegebene Ausrufpreis gibt eine erste Andeutung, in welchen Kategorien man sich bewegt, und gleichzeitig werden im Katalog auch die verschiedenen Zahlungsformen sowie das verlangte Aufgeld angegeben. Zumeist verlangt der Auktionator Barzahlung, es sind aber auch andere Modalitäten wie Zahlung mit Kreditkarte oder mittels eines von der Bank bestätigten Schecks möglich. Kein Fahrzeug wird herausgegeben, bevor nicht alle Zahlungsmodalitäten geklärt sind. Bei Verzögerungen kann der Auktionator Lagergebühren verlangen.

Aufgeld

Bei der Kalkulation darf man unter keinen Umständen das Aufgeld vergessen. Daneben können noch andere Steuern und Gebühren fällig werden.

Besichtigung

Bei den meisten Auktionen ist vorab eine Besichtigung der Wagen möglich. Hilfskräfte des Auktionators sind dabei durchaus bereit, die Motor- oder Kofferraumhaube zu öffnen und sie werden es auch zulassen, dass man den Innenraum besichtigt. Der Motor kann zwar gestartet werden, eine Probefahrt aber ist absolut ausgeschlossen. Man darf den Wagen auch von unten überprüfen, aber mit Sicherheit wird man die Bitte, den Wagen auf eine Bühne zu stellen, ablehnen. Man kann allerdings die wichtigsten Dokumente einsehen.

Bieten

Bevor man sich an einer Auktion beteiligt, sollte man sich unbedingt über sein persönliches Höchstgebot im Klaren sein und – auch wenn es mitunter schwer fallen mag – dabei bleiben.
Bis das begehrte Auto aufgerufen wird, vergeht meistens einige Zeit, die man nutzen kann, um die anderen Bieter zu beobachten. Ist der anvisierte Wagen an der Reihe, sollte man die Aufmerksamkeit des Auktionators auf sich ziehen indem man ein frühes Gebot abgibt. Der Auktionator wird dann immer zu Ihnen blicken, um eine Reaktion auf ein Gebot zu bekommen. Zumeist wird in genau definierten Schritten gesteigert, was sich erst ändern kann, wenn die Gebote langsamer kommen. Dann werden auch kleinere Schritte akzeptiert. Wenn man sich aus dem Gebotgefecht verabschieden will, sollte man dies dem Auktionator unmissverständlich signalisieren – ein deutliches Kopfschütteln sollte reichen.
Bei einem erfolgreichen Gebot notiert sich der Auktionator die Nummer Ihrer Karte, und von nun an sind Sie für den Wagen verantwortlich.
Wird der Wagen nicht verkauft, weil er schlicht kein ausreichendes Interesse fand oder unter dem Ausrufpreis blieb, gibt es immer noch die Möglichkeit, mit dem Besitzer – unter Vermittlung des Auktionators – direkt zu verhandeln.

Erfolgreiches Gebot

Bereits im Vorfeld sollte man sich für diesen Fall ein paar Gedanken gemacht haben. Wie wird der Wagen nach Hause transportiert und welche Versicherung wird dafür benötigt? Die Versicherungsfrage sollte man auf jeden Fall bereits vor der Auktion geklärt haben. Ist der Wagen nicht fahrbereit: Kann man ihn auf einem Anhänger transportieren oder muss man die Aufgabe an ein qualifiziertes Unternehmen delegieren? Das Auktionshaus verfügt zudem ebenfalls über entsprechende Adressen.

eBay und andere Internet-Auktionen

Bei eBay und anderen Internet-Auktionshäusern kann man durchaus für einen günstigen Preis an seinen Traum-Klassiker kommen, doch sollte man nicht auf eine gründliche Untersuchung des Wagens vor Ort verzichten. Die meisten Anbieter ermutigen die Interessenten sogar ausdrücklich dazu. Bei eBay wird stets der Standort des Wagens genannt, sodass man sich ein Angebot in erreichbarer Nähe aussuchen kann. Seien Sie darauf vorbereitet, in letzter Minute überboten zu werden. Sie sollten sich darüber im Klaren sein, dass Ihr Gebot bindend ist, es aber andererseits sehr schwer ist, einen betrügerischen Anbieter vor Gericht zur Rechenschaft zu ziehen. Immer wieder kommt es auch zum Verkauf von „Geisterwagen". Daher sollte man sicherstellen, dass der in Frage kommende Wagen tatsächlich existiert und sich nicht voreilig von seinem Geld trennen.

11 Papiere für eine vollständige Dokumentation

Klassische Automobile oder Sammlerautos werden im Allgemeinen von umfangreichen Papieren begleitet, die beim Verkauf weitergereicht werden. Mittels dieser Dokumentation lässt sich die exakte Geschichte des Wagens nachvollziehen und außerdem werden so der Umfang von Pflege, Wartungs- und Restaurierungsarbeiten deutlich. Für den neuen Besitzer sind derartige Dokumente außerordentlich wertvoll und wenn der Verkäufer diese nicht vorweisen kann, sollte man als Interessent misstrauisch werden.

Zulassung

Alle Länder verfügen über ein Registrierungssystem für Automobile – wie dem so genannten „Pink Slip" in den USA oder dem Kraftfahrzeugbrief in Deutschland.

Dabei ist es wichtig, dass die Unterlagen im Original vorliegen und vollständig sind, dass sie sich auf den in Frage kommenden Wagen beziehen und dass alle Details wie Motor- und Fahrgestellnummer korrekt angegeben sind. Alle früheren Besitzer sind ausschließlich im Kraftfahrzeugbrief aufgeführt. Daher sollte man sich nicht mit dem Kfz-Schein begnügen, in dem ja nur der aktuelle Besitzer angegeben ist.

Vergleichen Sie alle Angaben im Brief mit dem Typenschild, das im Fahrzeug montiert ist. Besitzt der Wagen eine ausländische Zulassung, sollte man sich vorab bei den entsprechenden Stellen wie dem Zoll informieren, welche Formalitäten bei der Einführung des Wagens zu erledigen sind.

TÜV

Auch Oldtimer können dem TÜV nicht entgehen. Bei dem Besichtigungstermin spielen daher die letzten TÜV-Berichte eine entscheidende Rolle bei der Beurteilung des Objektes der Begierde. Also sollte man sich diese Unterlagen unbedingt zeigen lassen und bei Bedarf darauf bestehen, dass die von den Prüfern verlangten Reparaturen durch entsprechende Rechnungen dokumentiert werden. Auch wenn der Wagen nicht mehr zugelassen ist, sollte man nicht darauf verzichten. So offenbaren sich mitunter schon vor der ersten genaueren Besichtigung mögliche gravierende Schwachpunkte. Sind diese Unterlagen nicht vorhanden, ist es durchaus möglich, dass der Verkäufer etwas zu verbergen hat.

Zulassung

Ist das Fahrzeug noch zugelassen, ist eine Ummeldung relativ unproblematisch. Wer viel Zeit, Geduld und Lust auf Bürokratie hat, kann selbst zum Straßenverkehrsamt fahren und dort seinen Wagen ummelden. Dazu benötigt man Kraftfahrzeugbrief, -schein, Versicherungsnachweis, TÜV-/AU-Unterlagen, Personalausweis und Bargeld für die fälligen Gebühren und die neuen Kennzeichen. Hat man sich die Kennzeichen besorgt und montiert, steht der weiteren Fahrt nichts mehr im Weg.

Besitzt der Wagen keine Zulassung mehr, interessiert sich zunächst der TÜV für das Fahrzeug. Je nach Herkunft und Dauer der Abmeldung kann der TÜV auf einer Einzelabnahme bestehen, für die eine ausführliche technische Dokumentation notwendig ist. Ist diese Hürde genommen, begibt man sich zur Zulassungsstelle. Wenn man Zeit sparen will, kann man auch entsprechende Dienstleister in Anspruch nehmen, die gegen eine Gebühr die Zulassung organisieren.

Originalzustand

Da die D-Modelle inzwischen auch im günstigsten Fall über 30 Jahre alt sind, können sie das so genannte H-Kennzeichen bekommen. Dafür verlangt der Gesetzgeber aber, dass sich das Fahrzeug in gutem Originalzustand oder originalgetreu restauriertem Zustand befindet. Nur dann wird das begehrte Kennzeichen, mit dem sich Steuer und Versicherungsgebühren sparen lassen, erteilt. Für nähere Informationen zu diesem Thema ist bei den TÜV-Stationen der „Anforderungskatalog für die Begutachtung von Oldtimern gem. § 21c StVZO" erhältlich, in dem man alle Details nachlesen kann.
Hat der Wagen allerdings bereits an internationalen Veranstaltungen teilgenommen, besitzt er möglicherweise sogar eine Bescheinigung der Fédération Internationale des Véhicules Ancienes. Dieser FIVA-Pass ist ein Ausweis über die Originalität des Modells und sollte auch bundesdeutsche Zulassungsstellen überzeugen.

Bewertung

Mitunter hat der Verkäufer ein Wertgutachten von einer anerkannten Organisation wie DEKRA oder DAT anfertigen lassen, aus dem der Wert des Modells hervorgeht. Im Allgemeinen stellen solche Dokumente allerdings lediglich eine unverbindliche Richtgröße für den tatsächlichen Preis dar.

Service-Historie

Häufig werden diese Wagen von ihren (hoffentlich fähigen) Besitzern selbst gewartet. Trotzdem sollte man so viele Details der Service-Historie wie möglich in Erfahrung bringen. Dabei kommt den Bescheinigungen und Rechnungen von Markenhändlern oder Fachbetrieben eine ganz besondere Bedeutung zu. Tatsächlich sind alle Papiere bei der Dokumentation wichtig: Vom ersten Kaufvertrag bis zum Wartungsheft bekommt man so Antworten auf wichtige Fragen zu der Geschichte des Fahrzeugs. Besonders ein Katalog des Modells aus dem entsprechenden Baujahr ist eine wichtige Informationsquelle und sollte, falls nicht bereits vorhanden, so schnell wie möglich erworben werden. Die Behauptung des Besitzers, dass der Wagen restauriert worden sei, sollte man sich immer durch die entsprechenden Unterlagen belegen lassen.
Wenn der Verkäufer erklärt, den Service selbst vorgenommen zu haben, sollte man fragen, wann die Arbeiten ausgeführt wurden und nach entsprechenden Hinweisen suchen. Im besten Fall deckt sich Ihre Einschätzung des Gesamtzustands mit den Angaben des Verkäufers.

Restaurierungs-Fotos

Größere Restaurierungsmaßnahmen werden in der Regel mit einer Vielzahl von Fotos dokumentiert. Die aus verschiedenen Winkeln gemachten Aufnahmen helfen dabei, Umfang und Qualität der Arbeiten einzuschätzen. Wenn Sie den Wagen kaufen, bitten Sie den Verkäufer, Ihnen die Fotos zu überlassen, weil sie ein wichtiger Teil der Geschichte des Fahrzeugs sind. Es ist erstaunlich, wie viele Besitzer bereit sind, sich zwar von ihrem Wagen zu trennen, die Fotos aber als Erinnerungsstücke behalten wollen. In einem solchen Fall kann man sich vermutlich auf Abzüge von den Originalen einigen.

12 Wie viel ist „sie" wert?

Die zentral angeordnete Klimaanlage wurde ausschließlich bei den letzten europäischen Modellen angeboten.

Wenn Sie sich die Mühe gemacht haben und den in Frage kommenden Wagen nach dem Bewertungssystem in Kapitel 9 begutachtet haben, wissen Sie nun, ob sich das Fahrzeug in einem exzellenten, guten, durchschnittlichen oder schlechten Zustand oder irgendwo dazwischen befindet. Unterbreiten Sie dem Verkäufer nach dem Ergebnis Ihrer Inspektion einen Preis, bei dem Sie die geschätzten Kosten für die notwendigen Reparaturen berücksichtigt haben.

Ein Werksradio in einer Armaturentafel wie sie nach 1970 montiert wurde.

Handelt es sich um ein Restaurierungsobjekt? Ist das der Fall, sollten Sie sich vom Kauf verabschieden, es sei denn, Sie haben eine derartige Herausforderung gesucht. Oder ist es ein gut erhaltenes Modell mit einigen kleineren Defekten, die Sie hoffentlich bei der Inspektion gefunden haben und die man bei den Preisverhandlungen einsetzen kann? Wie bei den meisten klassischen Modellen sind aber der mechanische und optische Zustand nicht allein ausschlaggebend, um den Preis zu ermitteln. Seltenheit und Popularität der einzelnen Varianten spielen eine wichtige Rolle. Ein klappriger DS 21 Prestige von Chapron bringt daher mehr als eine makellose ID 19 aus den späten 1960er Jahren. Jüngere Modelle – vor allem die DS-23-Modelle – sind teurer als ältere Wagen in gleichwertigem Zustand.

Die Jäger-Instrumente in der geschwungenen Armaturentafel sind schwer zu beschaffen.

Die Preise sind in den vergangenen zehn Jahren ständig gestiegen. Deswegen muss man sich der Tatsache bewusst sein, dass aktuell mehr zu investieren ist als möglicherweise ein Bekannter vor einigen Jahren bezahlt hat. Machen Sie sich daher mit der aktuellen Preisentwicklung vertraut. Viele Fachmagazine (Oldtimer Markt, Oldtimer Praxis, Motor Klassik) veröffentlichen regelmäßig eine Preisübersicht. Als sehr hilfreich erweist sich auch der Oldtimer Katalog aus dem HEEL Verlag, ein jährlich neu erscheinender Marktführer. Auktionspreise sind ebenfalls ein wichtiger Anhaltspunkt. Oldtimer haben sich in den vergangenen Jahren als relativ wertstabil erwiesen, jedoch sorgen Trends und Nachfrage nach bestimmten Modellen immer wieder für eine Verschiebung der Preise. Die angegebenen Preise sind auch abhängig von den Bewertungsmaßstäben, die die jeweiligen Zeitschriften anlegen, sodass man unbedingt die entsprechenden Fußnoten lesen muss. Außerdem sollte man sich darüber im Klaren sein, dass für einen preisgekrönten Concours-Sieger immer eine Kaufsumme aufgerufen werden wird, die über dem aktuellen Marktwert liegt. Davon ausgehend, dass der angebotene Wagen von diesem Zustand weit entfernt ist, muss man den verlangten Preis in Relation zu dem tatsächlichen Zustand sehen. Bevor man nun mit dem Handeln beginnt, gilt es zu bedenken, dass sich vorhandene Zusatzausstattungen immer auf den Preis auswirken. Wenn Sie den Wagen von einem Händler kaufen, berücksichtigen Sie dessen einkalkulierte Gewinnspanne.

Nützliche Extras

Für von der serienmäßigen Ausstattung erheblich abweichende Fahrzeuge werden oft gute Preise geboten.

Modelle mit Schiebedach wie bei dieser DS 23 aus dem Jahr 1975 sind selten.

Die Zusatzscheinwerfer wie bei dieser DS 21 (1966) waren beliebte Extras.

Sehr originalgetreue Fahrzeuge haben ihre Anhängerschaft, doch werden Verbesserungen meist honoriert, z.B. eine Innenausstattung aus einer höherwertigeren Variante. Die ab 1972 vom Werk angebotene Klimaanlage ist sehr gesucht und kann den Preis des Wagens nach oben treiben, wenn sie problemlos funktioniert. Die elektronische Einspritzung, selbst wenn nachträglich eingebaut, macht den Wagen zuverlässiger und ist daher begehrt. Zusatzscheinwerfer, die unterhalb der Stoßstangen montiert wurden, sind sehr selten, wahrscheinlich weil sie in dieser Position sehr gefährdet waren. Allerdings sind die tropfenförmigen Zusatzscheinwerfer der 1966 gebauten D-Modelle sehr beliebt. Das Werk bot kaum Räder- und Radkappen-Optionen an, abgesehen von einigen von Chapron entworfenen Pseudo-Speichenrädern und anderen Radkappen für die Baureihe.

Daneben gab es vom Werk kaum Möglichkeiten, die Modelle optisch aufzuwerten. Citroën bot zum Beispiel für eine kurze Zeit vergoldete Zierleisten an, und Spezialbetriebe haben noch heute spezielle Haubengriffe auf Lager.

Auspuffanlagen aus rostfreiem Stahl sind vor allem in feuchten Regionen ein nützliches Extra. Die vom Werk montierten Radios können sich ebenfalls wertsteigernd auswirken. Das gilt vor allem bei den Wagen mit Rundinstrumenten, weil der Einbauschlitz sehr eng ist und moderne Radios nicht aufnehmen kann.

Das seltenste Extra ist vermutlich das Stahl-Schiebedach, von dem aus technischen und Kostengründen nur wenige in das Kunststoffdach der D-Modelle eingepasst wurden.

Unerwünschte Extras

In einige Wagen wurden nachträglich Klimaanlagen eingebaut, die sich aber fast alle als Schrott erwiesen. Dabei wurde der Kondensator meistens vor dem Kühler eingebaut, was den Luftfluss störte und chronisches Überhitzen zur Folge hatte. Zur Konstruktion gehörte außerdem ein Kompressor, der mit schwächlichen Klammern befestigt und von der Wasserpumpe angetrieben wurde, was starke Vibrationen und defekte Wasserpumpen verursachte.
Weil nachträglich montierte Radios im DIN-Format nicht in den dafür vorgesehenen Schlitz passten, griffen viele Musikfans zur Flex und erweiterten den Platz in der Armaturentafel. Bastler schnitten zudem in die Türrahmen oder sogar in die Rahmenseiten Ausschnitte, um die Lautsprecher zu installieren. Will man den Wagen in den Originalzustand bringen, muss die komplette Armaturentafel ausgetauscht werden.

Billige Lackierungen und schlecht ausgeführte Überarbeitungen des Innenraums samt Polsterung, sollten den Kaufpreis verringern. Schließlich muss man einiges investieren, um diese Arbeiten zu korrigieren.

Den Handel abschließen

Seien Sie sich darüber im Klaren, dass sie einen älteren klassischen Wagen kaufen. Falls noch Zweifel bestehen, ist es am besten, einen unabhängigen Spezialisten zu Rate zu ziehen, und eine genauere Inspektion zu veranlassen. Falls Sie glauben, dass der geforderte Preis dem Wert des Wagens entspricht, oder es sich gar um ein Schnäppchen handelt, dann ist es an der Zeit, den Handel abzuschließen. Wenn der Verkäufer seine Hausaufgaben gemacht hat, und genau weiß, dass sein Preis korrekt ist, gibt es kaum noch eine Möglichkeit, die Summe herunter zu handeln. Nutzen Sie alle Defekte, die Sie bei der genauen Untersuchung entdeckt haben, um den Preis zu drücken.

13 Restaurieren – ja oder nein?

Die meisten Interessenten suchen entweder nach einem hochwertigen Wagen oder nach einem preiswerteren Modell, das möglicherweise einige Arbeiten benötigt, aber voll alltagstauglich ist. Es ist daher ziemlich unwahrscheinlich, dass viele Käufer Schlange stehen, um ein Modell zu kaufen, das entweder ein Restaurierungsobjekt darstellt oder sich als Rostlaube erweist. Wer tatsächlich ein derartiges Modell sucht, weil er entweder ein talentierter Bastler ist, oder aber Zeit genug für eine Restaurierung hat, sollte einige Punkte berücksichtigen.

Nach einer genauen Untersuchung wird man wissen, ob es sich bei diesem Exemplar um einen Kandidaten für eine Restaurierung oder einen Teilelieferanten handelt.

Restaurierbar oder Rostlaube?

Es gibt eine schmale Linie zwischen einem Wagen, den einige Menschen als Restaurierungsobjekt einstufen und andere als Rostlaube betrachten. Die Skala reicht dabei von schlecht gepflegten, verrosteten Wagen bis zu Exemplaren, die 20 oder mehr Jahre in irgendeiner Scheune oder im Freien verbracht haben. Selbst wenn man nur eine vergleichsweise geringe Summe bezahlt, muss man sich bewusst sein, wie viel Arbeit noch wartet. Wer den falschen Wagen kauft, dem kann es passieren, dass er erst mitten in der Restaurierung feststellt, dass er an wertlosem Schrott arbeitet. Das Ausmaß des Rostbefalls ist der entscheidende Aspekt, ob der Wagen nur als Teilelieferant in Frage kommt oder ob sich eine Restaurierung lohnt. Erste Priorität bei der Untersuchung sollte daher der Rahmen haben. Denn verrostete Karosseriebleche können ausgetauscht werden und auch die Mechanik lässt sich erneuern. Ein durchgerosteter Rahmen bedeutet, dass der Wagen nur noch als Teileträger in Frage kommt.

Ein vergammelter, aber vollständiger Motorraum – wahrscheinlich ein guter Kandidat für eine Restaurierung.

Selbst ist der Mann oder ein Spezialist?

Nun hat man also beschlossen, einen hinfälligen Citroën zu kaufen, den man nach eigenen Vorstellungen wieder aufbauen will. Zuvor sollten Sie sich einige Fragen ehrlich beantworten: Verfügen Sie über ausreichende mechanische Kenntnisse, die aufwändige Hydraulik in den Griff zu bekommen? Oder reicht das Bankkonto, um für diese Arbeiten einen Spezialisten zu beauftragen? Wie viel können Sie selbst leisten? Besitzen Sie ausreichende mechanische Kenntnisse für die Arbeiten am Antriebsstrang? Besitzen Sie eine Ausrüstung für die Arbeiten an der Elektrik und der Karosserie? Einige Menschen verfügen über Geduld und Talent, um Karosseriearbeiten durchzuführen, versagen jedoch bei Mechanik und Elektrik. Beurteilen Sie ihre Fähigkeiten realistisch und entscheiden Sie, in welchen Bereichen Sie die Hilfe eines Spezialisten in Anspruch nehmen müssen. Wenn Sie von vornherein einen Spezialbetrieb beauftragen wollen, müssen Sie damit rechnen, dass die Kosten dafür den Wert des Wagens bei weitem übertreffen werden.

Dieses Cabriolet wurde irgendwann abgestellt und leidet unter jahrelanger Vernachlässigung.

Alles Dokumentieren?

Wenn Sie planen, Teile der Instandsetzung selbst auszuführen, sollten Sie jeden Schritt genau dokumentieren. Eine Restaurierung kann sich über einige Jahre hinziehen. Die Bolzen und Schrauben, die Sie anfangs noch genau identifizieren konnten, machen möglicherweise nach einiger Zeit einen eher unbekannten Eindruck. Wenn Sie den Wagen selbst für die Karosseriewerkstatt „entkleiden", sollten Sie die entsprechenden Zierteile zusammen lagern und beschriften. Wenn sie mechanische Teile ausbauen, um sie von Spezialisten reparieren zu lassen, empfiehlt es sich, den Vorgang auf einem Video oder Foto festzuhalten, um sich so den späteren Einbau zu erleichtern.

Finanzielle Mittel

Neben einem gut bestückten Werkzeugkasten und einer Werkbank benötigt man natürlich auch die finanziellen Mittel, um die ständige Lieferung neuer Teile nicht unterbrechen zu müssen und die Spezialisten bezahlen zu können. Ein zu knappes Budget kann eine Restaurierung zu einem endlosen Alptraum machen.

Wenn Werkzeuge und Finanzen kein Problem darstellen, benötigt man am Ende noch eine passende Garage. In der sollte man sich um den Wagen bewegen können und genügend Lagerraum für die verschiedenen Teile haben. Und dann ist ein geduldiger und verständiger Partner ein absolutes Muss. Nichts kann eine Restaurierung schneller beenden als ein Partner, der die Nase von dem „Haufen Schrott" in der Garage voll hat.

14 Lackprobleme

Lackprobleme entstehen zumeist wegen unzureichenden Vorarbeiten für eine Neulackierung oder Ausbesserung. Einige der folgenden Probleme werden Sie bei der Klassiker-Suche häufiger antreffen.

Orangenhaut

Die ungleichmäßige Lackoberfläche erinnert an die Schale einer Orange. Das Problem entsteht, wenn der Lack zu wenig verdünnt wurde (häufig auch in Kombination mit einem zu großen Sprühabstand). Auch extreme Temperaturunterschiede zwischen der Umgebung und der zu lackierenden Oberfläche fördern die Bildung einer Orangenhaut. Dieser Effekt lässt sich in leichteren Fällen mit einer entsprechenden Politur oder sehr feinem Schleifpapier beseitigen. Je nach Ausmaß dieses Lackierfehlers ist eine Neulackierung nötig. Auch hier hilft die Begutachtung durch einen Experten.

Risse

Risse im Lack können vor allem durch zu viel Spachtelmasse entstehen. Wird dem Lack zu viel Härter beigemischt oder besteht eine Unverträglichkeit zwischen der neu aufgetragenen Farbsorte und der bereits vorhandenen Lackierung, kann es ebenfalls zu diesen Erscheinungen kommen. Bei einer umfassenden Restaurierung sollte man vor der Neulackierung sämtliche Lackschichten entfernen, um dieses Problem auszuschließen.

Haarrisse

Wenn sich feine Haarrisse über die Lackoberfläche verteilen, liegt häufig eine Unverträglichkeit des

Dieser Kofferraum ist das Ergebnis einer schlecht vorbereiteten Lackierung. Die Spachtelmasse ist an einigen Stellen bis zu einem Zentimeter dick aufgetragen.

Lacks mit der verwendeten Grundierung vor. In diesem Fall muss man sich Gedanken über eine Neulackierung machen.

Blasen

Korrosion unter der Lackierung verursacht unweigerlich Blasen. Werden sie erst einmal richtig sichtbar, ist der Schaden an den Blechen vermutlich ziemlich groß. Vor einer Neulackierung muss in diesen Fällen zunächst das betroffene Blech repariert werden.

Mikroblasen

Diese Blasen lassen auf eine billige Lackierung schließen, bei der die Oberfläche nicht gründlich trocknen konnte. Am besten holt man sich Rat bei einem Spezialisten, doch wird man häufig in dem betroffenen Bereich die alte Lackierung vollständig entfernen müssen. Als Ursache für die Blasen kommen aber auch Fahrzeugabdeckungen in Frage, die nicht „atmen".

Verblassen

Einige Farben, vor allem Rot, neigen dazu, bei starker Sonneneinstrahlung und ohne Schutz durch entsprechenden Wachs zu verblassen. Wenn eine Behandlung mit einem Lackreiniger nicht ausreicht, kommt man um eine Neulackierung nicht herum.

Abblättern

Vor allem bei Metallic-Lackierungen kann es vorkommen, dass der Klarlack abblättert. Schlecht aufgetragener Einschicht-Lack zeigt ebenfalls diese Erscheinung. Konsequenterweise muss das Fahrzeug auch in diesen Fällen neu lackiert werden.

Einschlüsse

Wenn bei den Vorbereitungen zum Lackieren und beim eigentlichen Lackiervorgang nicht auf Sauberkeit geachtet wurde, kommt es zu Staub- und Schmutzeinschlüssen, die sich nicht ohne weiteres entfernen lassen. Hier hilft nur eine vollständige Neulackierung.

Beulen

Kleinere Beulen lassen sich leicht vom „ Beulen-Doktor" (Adressen im Internet) sanft und meistens ohne Folgen für den Lack aus dem Blech ziehen, sofern die Lackoberfläche noch intakt ist. Auf jeden Fall sollte man berücksichtigen, dass bei vielen Oldtimern dickere Bleche verwendet wurden als bei heutigen Fahrzeugen und sich dadurch die Arbeit des Beulen-Doktors manchmal schwieriger – und somit teurer als angenommen – gestalten kann.

15 Konditionsprobleme

Wie Menschen sind auch Klassiker wie die Citroën DS am besten in Form, wenn sie regelmäßig bewegt werden. Die Ausfahrten sollten nicht zu kurz sein, denn bevor die Maschine die richtige Betriebstemperatur erreicht hat, braucht es schon rund 15 bis 20 Kilometer. Erst dann verflüchtigen sich Verbrennungsrückstände vollständig, die sonst auch einem so langlebigen Triebwerk wie dem der DS nachhaltig zusetzen. So können sich alle Betriebsstoffe gut verteilen und alle Bauteile werden durch den Ölfilm vor Korrosion geschützt. Auch die Batterie dankt regelmäßige, längere Ausfahrten mit einer langen Lebensdauer.

Hydraulikflüssigkeit

Das anfangs verwendete, synthetische Hydrauliköl (vor 1967 bei allen Wagen außerhalb der USA und vor Mitte 1969 bei den US-Modellen) nimmt Wasser auf. Das kann interne Rostprobleme verursachen. Im Gegensatz zu den meisten konventionellen Wagen kontrolliert die Hydraulik der D-Modelle auch die Aufhängung, Lenkung und – falls vorhanden – über die Citromatic auch die Schaltung. Daher können sich Hydraulikprobleme als katastrophal erweisen. Hat ein US-Modell längere Zeit gestanden, muss man mit fest gegangenen Bremssätteln und -zylindern sowie internen Schäden an den Lenkungs- und Federzylindern rechnen. Die später verwendete, mineralische LHM-Flüssigkeit ist unproblematischer, obwohl man auch hier nach längeren Standzeiten mit Schwierigkeiten an den Bremssätteln rechnen muss.

Aufhängung

Die Federkugeln (an jedem Rad eine) und Druckspeicher (Haupthydraulik bei allen und Bremskraftspeicher bei den DS-Versionen) entleeren sich bei Inaktivität schneller. Leere Kugeln sorgen für deutliche Komforteinbußen und leere Speicher für kürzere Reaktionszeiten. Die Pumpe muss dementsprechend häufiger arbeiten, um den Druck zu halten. Glücklicherweise lassen sich diese Teile leicht ersetzen.

Motor

Überprüfen Sie die Färbung des Öls am Messstab. Hell ist ein gutes Zeichen, schwarz und zäh bedeutet älteres Öl, und Schmutz ist ein deutliches Indiz für schlechte Pflege. Ein weißer Schaumbelag lässt auf eine Verunreinigung mit Wasser schließen. Diese kann durch eine längere Standzeit und dem daraus resultierenden Kondenswasser oder interne Motorenprobleme verursacht werden. Lange Standzeiten können mehrere Probleme verursachen. Dazu gehören fest gegangene Kolbenringe (die beim Anlassen brechen können) und Korrosionsschäden an internen Teilen wie Kurbelwelle und Lagern. Auch Dichtungsringe altern und werden mit der Zeit porös. Deshalb sollten Sie gerade nach der Probefahrt auf frische Undichtigkeiten am Motor achten.

Kupplung

Nach längeren inaktiven Zeiten kann die Kupplung fest gehen. Sie löst sich aber meist wieder, wenn der Motor längere Zeit läuft und das Kupplungspedal mehrfach betätigt wird. In einigen Fällen kann die Kupplungsscheibe aber vollkommen ausfallen, was eine Demontage des Getriebes notwendig macht, um die Kupplung auszutauschen.

Kühlung

Alter Frostschutz oder normales Leitungswasser kann den Alu-Zylinderkopf und die Wasserpumpe bei den D-Modelle zerstören. In extremen Fällen dringt der Frostschutz in die Ölkanäle des Zylinderkopfs ein, um sich dort und in der Ölwanne auszubreiten. Entfernen Sie daher den Kühlerverschluss (bei Modellen ohne Zusatztank) und untersuchen Sie die Leitungen im Kühler. Leitungswasser verursacht Verkalkungen im Kühler, sodass er unter Umständen ausgetauscht werden muss.

Reifen

Fahrzeuge, die längere Zeit gestanden haben, besitzen wahrscheinlich platte und/oder verformte Reifen. Die Lebensdauer der Reifen verkürzt sich zudem, wenn sie lange der Sonne ausgesetzt sind. Sollten Risse in den Flanken zu sehen sein, ist ein sofortiger Austausch notwendig. Überprüfen Sie auch, ob die in den Fahrzeugpapieren genannte, zulässige Größe montiert und der Geschwindigkeitsindex der richtige ist. Vorsicht ist auch geboten, wenn nur ein Reifen erneuert wurde. Unter Umständen will ein unseriöser Verkäufer damit Fahrwerksmängel verschleiern.

Gummischläuche

Während längerer Standzeiten altern die Schläuche des Hydraulik- und Kühlsystems. Risse können zu einem Totalverlust der Flüssigkeiten führen.

Karosseriegummis

Die Gummidichtungen an Türen, Hauben und Dach werden unter Sonneneinfluss spröde und lassen Wasser in den Innenraum eintreten. Besonders die Dachdichtung sollte genau in Augenschein genommen werden. Oft ist die Kante vom Dach durch die poröse Dichtung zwischen dem Vinyldach und der Dachkante selbst stark verrostet.

Elektrik und Zündung

Die Elektrik entwickelt Probleme, wenn der Wagen nicht regelmäßig bewegt wird. Die Batterie entlädt sich und muss aufgeladen oder sogar ausgetauscht werden. Dem beugt man am besten mit einem Erhaltungsladegerät vor, welches ab rund 40 Euro zu haben ist. Wurde die Batterie nicht abgeklemmt bzw. gefettet, sind deren Pole wahrscheinlich korrodiert. In diesem Fall empfiehlt es sich, den Akku auszubauen und die Kontakte zu säubern und anschließend zu fetten. Lichtmaschine und Anlasser zeigen Schwächen wie festsitzende Schleifkontakte. Auch die Zündung ist anfällig für Korrosion bei längeren Standzeiten. Die Kontakte können korrodieren und brechen. Der Verteilerläufer in der Verteilerkappe könnte fest gehen und so Kontaktprobleme auslösen.

Auspuffanlage

Wird der Wagen über längere Zeit nicht benutzt, bildet sich Kondenswasser im Auspuffsystem, was zu Rostschäden führt.

Schmierpunkte

Die Schwingarme, Kugelgelenke und Antriebswellen haben Schmiernippel, die regelmäßig mit neuem Fett versorgt werden müssen. Wird der Wagen längere Zeit nicht bewegt, verhärtet das Schmiermittel und verursacht so Schäden an den Komponenten.

Benzin

Ein D-Modell, das ein Jahr oder länger gestanden hat, benötigt wahrscheinlich eine Vergaser-Reinigung und den Austausch des Benzinfilters. Bei längeren Standzeiten neigt Benzin zum Verharzen, sodass der Tank gereinigt und die Benzinpumpe unter Umständen ausgetauscht werden muss.

16 Wichtige Adressen und Ansprechpartner

Mit ihrer Vorstellung auf dem Pariser Salon 1955 begann eine Erfolgsgeschichte, die fast 20 Jahre anhalten sollte. Citroën hatte mit der neuen DS auf einen Schlag nicht nur alle Vorkriegsformen hinter sich gelassen, sondern auch zahlreiche neue Fans gewonnen. Die sorgen auch über 30 Jahre nachdem die letzte „Göttin" vom Band gelaufen ist dafür, dass die Limousine im Straßenbild und auf zahlreichen Veranstaltungen nach wie vor präsent ist.
Für Deutschland meldete das Kraftfahrtbundesamt 2005 noch weit mehr als 600 der D-Modelle als zugelassen, nicht wenige sogar als Alltagsfahrzeuge. Da inzwischen einige Spezialisten die Ersatzteilnachfrage aufgegriffen haben, sind die wichtigsten Teile ohne größere Probleme zu haben. Dennoch sollte man sich keiner Illusion hingeben: Einige Ersatzteile sind teurer als sich Einsteiger möglicherweise vorstellen können. In Kapitel zwei sind die wichtigsten Teile mit ungefähren Preisen aufgeführt. Was die Unterhaltung der D-Modelle aber so teuer macht, ist vor allem der enorme Zeitaufwand, der auch hinter scheinbar einfachen Reparaturen wie einem Bremsscheibenwechsel steckt. Hier können Clubs mit Know-how helfen, sodass man nicht wegen jeder Kleinigkeit zum Spezialisten muss.

Clubs

Citroën-Veteranen-Club
Deutschland e.V. Bezirk 1
(Berlin)
Samariterstr. 31
D-10243 Berlin
www.cvc-club.de

Citroën Maserati Club
Deutschland
Hoher Steinweg 3
D-13597 Berlin

Citroën-Freunde im PeReCi Motor-Klassik-Club Berlin e.V.
Heckerdamm 293 D
D-13627 Berlin
www.pereci.de

Citroën-Veteranen-Club Deutschland e.V. Bezirk 2.2
(Niedersachsen-Bremen)
Neuer Kamp 5
D-29336 Nienhagen
www.cvc-club.de

DS Club Deutschland e.V.
(Citroën)
Wermertshäuser Str. 9
D-35085 Ebsdorfergrund
www.dsclub.de

Chapron Register (Citroën DS Cabrios u. Coupés)
Wermertshäuser Str. 9
D-35085 Ebsdorfergrund
www.chapron.de

Citroën-Veteranen-Club Deutschland e.V. Bezirk 4
(Rhein-Ruhr)
Vossenacker Str. 9
D-41464 Neuss
www.cvc-club.de

Citroën Maserati IG
Schmachtenbergstr. 142
D-45219 Essen

André Citroën Club
Rheingauer Str. 8
D-55122 Mainz
www.andre-citroen-club.de

Deutschland Citroën SM Club Deutschland e.V.
Berzallee 82
D-64569 Nauheim
www.citroensmclub.de

Deutschland Citroën-Veteranen-Club
Deutschland e.V. Bezirk 6-1
(Hessen/Rheinl.-Pfalz)
Emma-von-Mumm-Str. 3
D-65366 Geisenheim-Johannisberg
www.cvc-club.de

Citroën-Veteranen-Club Deutschland e.V. Bezirk 7-1 (Württemberg-Nord)
Stuttgarter Str. 55
D-75365 Calw

www.cvc-club.de
Citroën-Veteranen-Club
Deutschland e.V. Bezirk 8
(Bayern)
Nothkaufplatz 17
D-81375 München
www.cvc-lb8.de

Österreich

Citroën DS Club Österreich
Koppstr. 61
A-1160 Wien
www.dsclub.at

OECC – Oesterreichischer Citroën Club
Kronau 6
A-4291 Lasberg
www.oecc.org

Schweiz

Citroën DS Club Suisse
Wilerstraße 4
CH-8427 Rorbas

IDeale DS & CX
Enderliäckerstr. 7A
CH-9247 Henau
www.cx-club.ch

Teilehändler, Werkstätten und Restaurierungsfachbetriebe

Á Votre Service
Jochen Hoch
Schnabelstraße 12
D-45134 Essen
Tel.: 0201/736668
Fax: 0201/737288
www.citroends.net

Arzberger
Ihr Citroën Spezialist
Grottenhofstr. 3
A-8053 Graz
Tel.: 0043/316/265322
Fax: 0043/316/265322
www.citroenfahrer.de

Auto Nostalgie
Daimlerstr. 9
D-75233 Tiefenbronn
Tel.: 07234/949500
Fax: 07234/948520
www.auto-nostalgie.de

Franz Bucher GmbH
Waldhoferstraße 82
D-68169 Mannheim
Tel.: 0621/330050
Fax: 0621/3300546
www.franzbucher.de

Citroën-Zubehör-Import
Am Tiergarten 49
D-48167 Münster
Tel.: 02506/2364
Fax: 02506/306938

Diemer & Dalheimer
Restauration
klassischer Fahrzeuge
Angela-Braun-Str. 16a
D-66115 Saarbrücken
Tel.: 0681/35021
Fax: 0681/35022
www.diemer-dalheimer.de

Fischer Veteranen-Service GmbH
Berlinerstraße 256
D-63067 Offenbach
Tel.: 069/883566
Fax: 069/883577
www.veteranen-fischer.de

Der Franzose
Osloer Str. 9-11
D-49377 Vechta
Tel.: 04441/910145
www.franzose.de

Ideale DS u. CX
Enderkiäckerstraße 7 A
CH-9247 Henau
Tel.: 0041/719510315
Fax: 0041/719510487
www.idealeds.ch

Wolfgang Kentner
SM Maserati Services
Petristr. 3
D-30449 Hannover
Tel.: 0511/451952
Fax: 0511/451952
www.sm-kentner.de

Koslowski Kfz GmbH
Der DS-Spezialist
Dieselstr. 6
D-45770 Marl
Tel.: 02365/86065
Fax: 02365/81772
www.ds-spezialist.de

Kraftfahrtechnik Peters
Kaisermühle
D-76855 Ammweiler
Tel.: 06346/3131
Fax: 06346/300375

L'attraction Czajkowski GbR
Birkhuhnweg 10
D-59077 Hamm
Tel.: 02381/992299
Fax: 02381/992277
www.citroen-l-attraction.de

Oldtimer Schmiede Ralf Schilling
Böttger Str. 1
D-40789 Monheim
Tel.: 02173/960341
Fax: 02173/30260
www.oldtimer-schmiede-schilling.de

Petermann HP-Service
Zur Dorfeiche 30
D-21274 Undeloh
Tel.: 04189/811061
Fax: 04189/811062

Rodermund DS-Import
Knemühlerstr. 4
D-49525 Lengerich
Tel.: 05481/81138
www.ds-import.de

Dirk Sassen IS-ID Import Teilehandel Service
Benrodestr. 61
D-40597 Düsseldorf
Tel.: 0211/6502112
www.ds-sassen.de

Tetromobilia Autoteile für frz. Klassiker
An der Nathe 6
D-46325 Borken
Tel.: 02861/91794
Fax: 02861/91795

Tomy's Citroën Service
Solmstr. 8
D-44359 Dortmund
Tel.: 0231/338258
Fax: 0231/338268
www.lepatron.de

Vitkus Abgastechnik
Nürnberger Str. 37
D-90556 Caddzburg
Tel.: 0700/13330700
Fax: 0700/88890700
www.katshop.de

Literatur zum Thema

Jan de Lange
Das Original – Alle DS- und ID-Modelle
1955 - 1975
HEEL Verlag

Puiboube, Daniel; Mikloweit, Immo
Das neue große Citroën-DS-Buch
HEEL Verlag

Zink, Günther
Oldtimer Katalog Nr. 23
HEEL Verlag

Petzoldt, Christian
Oldtimerpflege
HEEL Verlag

Randall, Martynn
Praxishandbuch Bremsen
HEEL Verlag

Baxter, Lionel
Oldtimer Restaurierungshandbuch
HEEL Verlag

Wichtige jährliche Veranstaltungen

Bremen Classics, Bremen
Retro Classics, Stuttgart
Techno Classica, Essen
Veterama, Ludwigshafen
Motorshow, Essen

17 Technische Daten und Produktionszahlen

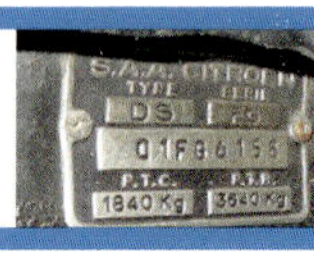

Produktionsstatistik

Insgesamt wurden weltweit zwischen 1955 und 1975 1.456.115 D-Modelle gebaut. 783.863 davon gehörten zur so genannten Serie 2, die von Oktober 1965 an produziert wurde. Im Laufe der Jahre wurden die Modelle immer wieder modifiziert.

Modifikationen

1966: Ein neuer, fünffach gelagerter Motor löst den in die Jahre gekommenen Antrieb (dreifach gelagerte Kurbelwelle) aus dem 11 CV ab. Gleichzeitig erhält die Baureihe ein neues Getriebe, neue Bremsen vorne und Räder mit fünf Bolzen (bisher eine):
ID 19 Limousine: 1911 ccm, 74 PS, 158 km/h.
ID 19 Break: 1985 ccm, 74 PS, 165 km/h.
ID 21 Break: 2175 ccm 100 PS, 175 km/h.
DS 19 Limousine, Pallas und Prestige: 1985 ccm, 74 PS, 165 km/h.
DS 21, Limousine, Pallas, Prestige und Cabriolet: 2175 ccm, 100 PS, 175 km/h.

1967: Alle Modelle mit mineralischem Hydrauliköl. Ausnahme sind die für den US-Markt bestimmten Modelle, wo die LHM-Flüssigkeit noch nicht für die Bremsen genehmigt ist. Wegen seiner Farbe wird das System nun „grünes System" genannt und der Vorgänger gilt als „rotes System".
Neuer Motor für die ID 19: 1985 ccm, 78 PS, 160 km/h.

1968: Alle Modelle erhalten eine Glasabdeckung für die Frontscheinwerfer. Bei den DS-Modellen (Extra bei den anderen Versionen) wird Kurvenlicht Serie. Die US-Modelle müssen sich mit zwei Einzelscheinwerfern ohne Abdeckung zufrieden geben.

1969: Die meisten Motoren werden aufgerüstet. Neue Armaturentafel mit eckigen Schaltern (bisher waren sie rund). Ein Drehgriff steuert die Sitzverstellung. Mitte 1969 wird die LHM-Flüssigkeit von der amerikanischen Behörde genehmigt.
ID 19 Limousine: 1985 ccm, 81,5 PS, 160 km/h.
ID 20 Limousine: 1985 ccm, 91 PS, 167 km/h.
DS 20 Limousine: 1985 ccm, 91 PS, 167 km/h.
DS 21 Limousine: 2175 ccm, 106 PS, 178 km/h.
Breaks: Motoren der DS 20 und DS 21.

1970: Die ID wird durch die DS 20 Spéciale und die ID 20 durch die D-Super abgelöst. Alle Modelle erhalten eine neue Armaturentafel mit Rundinstrumenten einschließlich eines Drehzahlmessers. Die jüngste Version ist die DS 21 ie, der erste französische Wagen mit elektronischer Einspritzung: 2175 ccm, 125 PS, 188 km/h.

1971: Das Cabriolet wird eingestellt. Die DS 21 Prestige wird von der DS 21 Prestige Pallas abgelöst. Ein Fünfganggetriebe wird bei der DS 21 Serie, Extra bei den anderen Modellen. Auf dem amerikanischen Markt, wo die D-Modelle bis 1972 importiert werden, wird das Fünfganggetriebe nie angeboten – auch nicht als Option.

1972: Die mitlenkenden, sich selbst einstellenden Scheinwerfer gehören mit Ausnahme der D Super zur Serienausstattung. Die Türgriffe werden durch Klappgriffe ersetzt. Zu den kleineren Modifikationen gehören die Kunststoffabdeckung des Lenkrads und eine neue Hupe. Gegen Aufpreis wird eine Klimaanlage mit Lüftungsschlitzen in den vorderen Kotflügel und eine Automatik von Borg Warner angeboten.
Der Motor in der DS 20 wird um fünf PS stärker: 99 PS, 169 km/h.

1973: Eine neue DS, die D Super 5 mit dem Motor der DS 21 (2175 ccm, 106 PS) und Fünfganggetriebe sowie abgespeckter Ausstattung kommt auf den Markt. Die DS 21 wird von der DS 23 abgelöst. Die Version wird als Vergaser- und Einspritzer-Variante und mit drei Getriebeoptionen angeboten: Citromatic, Fünfgang und Borg-Warner-Automat.
DS 23 (Vergaser): 2347 ccm, 115 PS, 179 km/h.
DS 23 ie: 2347 ccm, 130 PS, 188 km/h.
Die D Spécial bekommt den 99-PS-Motor aus der D Super.

1974: Keine Veränderungen, die Produktion läuft aus. Als Nachfolger wartet der CX hinter den Kulissen.

1975: Mit Modell Nummer 1.456.115 läuft die letzte DS von den Fließbändern.

Technische Daten:

Frontantrieb
Motor: Wassergekühlter OHV-Vierzylinder mit Gussblock und hemisphärischem Alu-Zylinderkopf
Kraftübertragung: Getriebe vor dem Motor. Lenkradschaltung mit vier oder fünf Gängen. Synchronisation bei allen Gängen mit Ausnahme des ersten Gangs. Citromatic mit Synchronisation aller Gänge mit Ausnahme des ersten Gangs. Drei-Gang-Automat von Borg Warner.
Bremsen: Scheibenbremsen mit getrennter Feststellbremse vorne, Trommeln hinten
Aufhängung:
Vorne: Zwei Schwingarme mit Querstabilisator und sich selbst regulierender Hydraulik
Hinten: Schwingarme mit Querstabilisator und sich selbst regulierender Hydraulik
Lenkung: Zahnstangenlenkung – mit hydraulischer Unterstützung oder manuell
Elektrik: 12 Volt, negative Erdung

WEITERE TITEL AUS DIESER REIHE:

EUR 12,–
ISBN 978-3-86852-491-8

EUR 12,–
ISBN 978-3-89880-635-0

EUR 12,–
ISBN 978-3-86852-035-4

EUR 12,–
ISBN 978-3-86852-882-4

EUR 12,–
ISBN 978-3-86852-210-5

EUR 12,–
ISBN 978-3-86852-601-1

EUR 12,–
ISBN 978-3-95843-562-9

EUR 14,99
ISBN 978-3-95843-948-1

EUR 12,–
ISBN 978-3-86852-935-7

EUR 12,–
ISBN 978-3-89880-706-7

EUR 12,–
ISBN 978-3-86852-804-6

EUR 12,–
ISBN 978-3-86852-037-8

Unser komplettes Programm erhalten Sie in jeder Buchhandlung

HEEL Verlag GmbH | Gut Pottscheidt | 53639 Königswinter | Bestellhotline: 0531 7088560

EUR 12,–
ISBN 978-3-95843-881-1

EUR 12,–
ISBN 978-3-95843-025-9

EUR 12,–
ISBN 978-3-89880-896-5

EUR 12,–
ISBN 978-3-89880-897-2

EUR 12,–
ISBN 978-3-95843-357-1

EUR 12,–
ISBN 978-3-86852-934-0

EUR 12,–
ISBN 978-3-95843-421-9

EUR 12,–
ISBN 978-3-95843-696-1

EUR 16,99
ISBN 978-3-86852-298-3

EUR 12,–
ISBN 978-3-95843-992-4

EUR 12,–
ISBN 978-3-86852-693-6

EUR 12,–
ISBN 978-3-86852-373-7

Noch mehr Titel finden Sie unter www.heel-verlag.de